山东省职业教育规划教材

供职业教育各专业使用

环境教育

主　编　鲁德法

副主编　赵　清　林国梁　高秀美　刘学文

编　委　(按姓氏汉语拼音排序)

杜庆晓　高秀美　孔　芮

林国梁　刘学文　鲁德法

彭同新　仇　冬　王焕田

张慧勇　赵　清

科学出版社

北　京

内 容 简 介

本书主要针对高等院校、职业院校，面向非环境类专业开设环保公共选修课或必修课课程而编写，本着实用和适度的原则，在义务教育阶段环境教育知识的基础上，遵循职业教育学生的认知和能力提升规律，结合山东省环境实际构建课程内容，突出高级技术技能人才的环境素养要求，构建出相对完整、科学的课程内容。力求体现科学性、知识性、系统性和趣味性，结合背景知识点介绍和案例、知识链接等来加深读者对环保的认识与理解。本书主要内容包括环境基础知识，生态平衡与保护，自然资源现状利用与保护，环境污染及防治，环境监测与评价，环境法与环境标准，可持续发展与循环经济等。

本书可作为职业院校各专业学生环境保护课程必修或选修的教材，也可供广大环保科技工作者学习参考。

图书在版编目(CIP)数据

环境教育／鲁德法主编. —北京：科学出版社，2019.8

山东省职业教育规划教材

ISBN 978-7-03-057454-1

Ⅰ. 环… Ⅱ. 鲁… Ⅲ. 环境教育-职业教育-教材 Ⅳ. X-4

中国版本图书馆 CIP 数据核字（2018）第 105943 号

责任编辑：丁海燕　张立丽／责任校对：郑金红

责任印制：赵　博／封面设计：图阅盛世

科 学 出 版 社 出版

北京东黄城根北街 16 号

邮政编码：100717

http://www.sciencep.com

保定市中画美凯印刷有限公司印刷

科学出版社发行　各地新华书店经销

*

2019 年 8 月第 一 版　开本：787 × 1092　1/16

2025 年 1 月第四次印刷　印张：8 1/4

字数：193 000

定价：29.80 元

（如有印装质量问题，我社负责调换）

山东省职业教育规划教材质量审定委员会

Preface 前言

党的二十大报告指出：“人民健康是民族昌盛和国家强盛的重要标志。把保障人民健康放在优先发展的战略位置，完善人民健康促进政策。”贯彻落实党的二十大决策部署，积极推动健康事业发展，离不开人才队伍建设。党的二十大报告指出：“培养造就大批德才兼备的高素质人才，是国家和民族长远发展大计。”教材是教学内容的重要载体，是教学的重要依据、培养人才的重要保障。本次教材修订旨在贯彻党的二十大报告精神和党的教育方针，落实立德树人根本任务，坚持为党育人、为国育才。

目前，人类前所未有地关注着环境——举办第二十四届联合国气候变化大会，推动低碳经济、清洁生产、生态城市建设，环境问题已成为当今人类面临的最重要问题之一。我国迅速行动，先后颁布落实了《水污染防治行动计划》(水十条)、《土壤污染防治行动计划》（土十条）、《大气污染防治行动计划》（大气十条）等重大举措，展示大国担当。2015 年底，山东省人民政府在调研山东省环境现状和问题的基础上，正式启动省会城市群大气污染联防联控机制；2018 年底，印发《山东省生态环境损害赔偿制度改革试点工作实施方案》，启动生态损害赔偿试点工作；2017 年底，山东省全面实行河长制；2018 年 7 月印发《山东省生态环境损害赔偿制度改革实施方案》，环境保护意识已深入人心。

环境保护是我国的一项基本国策，环境保护的宣传教育工作非常重要。教育部明确指出，高等院校、职业院校的非环境类专业要开设环境保护公共选修课或必修课，在山东省开展环境保护类教材编写意义深远。编者编写的《环境教育》一书，也受到山东省相关部门的特别重视。

本书的读者对象主要为职业院校各专业学生和环保科技工作者。

本书参阅并引用了国内有关文献和资料，在此向有关作者致以崇高的敬意和深深的感谢。由于本书涉及领域广泛，编者多为职业院校专职教师，受工作环境和知识领域所限，书中可能存在疏漏和不足，恳切希望同行和广大读者不吝指正。

编　者

2023 年 4 月

Contents 目录

第1章 环境基础知识

环境是人类生存和活动的场所，也是向人类提供生产和消费所需要自然资源的供应基地。

环境是人类生存和发展的基本前提，其中水是人类生命之源，空气是人类赖以生存的必要条件，所以保护环境是人类的重要任务。

环境既包括以大气、水、土壤、植物、动物、微生物等为内容的物质因素，也包括以观念、制度、行为准则等为内容的非物质因素；既包括自然因素，也包括社会因素；既包括非生命体形式，也包括生命体形式。

第1节 环境与生态

一、环 境

环境有广义、狭义之分。广义环境概念——围绕着人群的空间中的一切事物；狭义环境概念——人类进行生产和生活的场所。环境是相对于某个主体而言的，主体不同，环境的大小、内容等也就不同。

《中华人民共和国环境保护法》(2014 年修订)第二条明确指出：“本法所称环境，是指影响人类生存和发展的各种天然的和经过人工改造的自然因素的总体，包括大气、水、海洋、土地、矿藏、森林、草原、湿地、野生生物、自然遗迹、人文遗迹、自然保护区、风景名胜区、城市和乡村等。”其中，“影响人类生存和发展的各种天然的和经过人工改造的因素的总体”，是对环境含义的科学概括。

环境有两层含义：第一，法律所说的环境，是指以人为中心的人类生存环境，关系到人类的毁灭与生存。同时，环境又不是泛指人类周围的一切自然的和社会的客观事物整体。如银河系，现在我们并不把它包括在环境这个概念中。所以，环境保护所指的环境，是人类赖以生存的环境，是作用于人类并影响人类未来生存和发展的外界的一个施势体。第二，随着人类社会的发展，环境概念也在发展。如现阶段没有把月球视为人类的生存环境，但是随着宇宙航行和空间科学的发展，月球将有可能成为人类生存环境的组成部分。

环境是一个无比庞大而又复杂的体系，根据不同的标准，可把它分为不同的种类：

1. 按环境的属性，将环境分为自然环境、人工环境和社会环境。这也是最常见的一种分类。

自然环境，通俗地说，是指未经过人的加工改造而天然存在的环境；自然环境按环境要素，又可分为大气环境、水环境、土壤环境、地质环境和生物环境等，主要就是指地球的五大圈层——大气圈、水圈、土圈、岩石圈和生物圈。人工环境，通俗地说，是指在自然环境的基础上经过人的加工改造所形成的环境，或人为创造的环境。人工环境与自然环境的区别，主要在于人工环境对自然物质的形态做了较大的改变，使其失去了原有的面貌。社会环境是指由人与人之间的各种社会关系所形成的环境，包括政治制度、经济体制、文化传统、邻里关系等。

2. 按环境的性质，可将环境分为物理环境、化学环境和生物环境等。

3. 按环境要素来分类，可以分为大气环境、水环境、地质环境、土壤环境及生物环境。

4. 按照人类生存环境的空间范围，可由近及远，由小到大地分为聚落环境、地理环境、地质环境和星际环境等层次结构，而每一层次均包含各种不同的环境性质和要素，并由自然环境和社会环境共同组成。

人类在改造自然环境和创建社会环境的过程中，自然环境仍以其固有的自然规律变化着。社会环境受自然环境的制约，同时受到已有社会环境、规律的制约和影响，甚至破坏，如人们在追求经济利益的同时，往往会破坏生态环境。

二、生　　态

生态是指由生物群落及非生物自然因素组成的各种生态系统所构成的整体，主要或完全由自然因素形成，并间接地、潜在地、长远地对人类的生存和发展产生影响。

关于生态的界定还很多，本课程中生态主要强调生物(原核生物、原生生物、动物、真菌、植物五大类)之间和生物与周围环境之间的相互联系、相互作用。

生态系统：在一定时间和空间内，由生物群落与其环境组成的一个整体，各组成要素间通过物种流动、能量流动、物质循环、信息传递和价值流动，相互联系、相互制约，形成了具有自调节功能的复合体。如农村的小池塘就是一个相对独立的生态系统，里面有鱼、水、微生物、水生植物等。鱼离不开水，可以食用水中的藻类，鱼的排泄物由微生物分解，鱼类的繁殖由遗传信息传递完成。

生态平衡：在生态系统内，生物与环境之间，生物与生物之间经过长期的相互作用，最终会形成一种相对稳定的和谐状态，这就是生态平衡。如上述的小池塘，鱼是生物，鱼与水环境相互作用，只要水没有被污染，它们之间就相对稳定和谐；大鱼吃小鱼是生物之间的相互作用，如果没有外来物种侵人，它们之间也相对稳定。小池塘之所以能够保持生机勃勃，就是因为池塘里一直保持着生态平衡。

生态破坏：指物种改变、环境因素改变、信息系统改变等引起的生态破坏。如鱼塘中水被污染后，藻类大量繁殖，造成水中缺氧，鱼就会大量死亡。生态平衡遭到破坏，导致环境特征的改变或对原有用途产生一定的不良影响，从而直接或间接地对人体健康或人类生产、生活产生一定危害。

环境是指某特定生物体或生物群体周围一切事物的综合；生态则是指围绕着生物体或生物群体的所有生态因子的集合。生态是关于生物与环境的关系，强调各因素之间的生态平衡。环境强调主体与客体的关系(以人为中心，环境要素对人生存的影响)。

只有具有一定生态关系构成的系统整体才能称为生态环境。仅有非生物因素组成的整体，虽然可以称为自然环境，但并不能叫作生态环境。从这个意义上说，生态环境仅是自然环境的一种，两者具有包含关系。环境问题会引起生态问题，同样生态资源破坏也会引起环境问题，如过度放牧引起草原退化，滥伐滥捕引起森林减少和珍稀物种灭绝，植被破坏引起水土流失等。

三、环 境 教 育

环境教育是一个跨学科的教育过程，其目的是为了学习如何解决当地乃至全球的环境问题，它的教育形式包括普通、专业、校内和校外等多种形式。因此，环境教育应当纳入到学校教育和其他教育规划中，形成多样化学习机制。

环境教育内容包括环境科学知识、环境法规知识和环境道德伦理知识。据有关部门对我国公民环境意识的调查表明：广大民众对环境问题的关注度比较高，但对危及全人类的重大环境问题却知之甚少，在环境保护上对政府的依赖意识偏重。

环境教育从小学、中学开始，一直持续到大学，无论是职业教育还是大学教育，每个学校都把环境教育作为选修课或必修课，通过对学生的环境教育，提高学生环境保护意识，传播环境基础知识，让学生参与到环境保护公益活动中。

保护环境，教育为本。只有通过环境教育，才能使保护环境成为人们的自觉行为，才能使环境、经济和社会协调发展。环境教育既不同于部门教育，又不同于行业教育，而是对人的一种素质教育。因此，环境教育不仅是环境保护事业的重要组成部分，而且是教育事业的一个重要组成部分，也是中国可持续发展教育的一个重要内容。

环境教育可以使学生认识自然环境与人工环境同人类之间的关系，认识人口、污染、资源的分配与枯竭、自然保护及生态平衡、科学技术、城乡开发计划等对于人类环境有着怎样的关系和影响。

环境教育有两方面的含义：①环境教育是在人们头脑中建立环境意识、明确环保概念、掌握清洁生产技能、在人与环境的关系上树立正确态度的一种过程；②环境教育包括学校教育、家庭教育、社会教育、职业教育、行为教育、道德教育、伦理教育等多种形式。

环境教育的根本任务是提高全民族的环境意识和培养环境保护方面的专业人才。搞好环境教育可以提高全民族对环境保护的认识，实现道德、文化、观念、知识、技能等方面的全面转变，树立可持续发展的新观念，让人们自觉参与、共同承担保护环境、造福后代的责任和义务。

第2节　环 境 问 题

案例1-1

在大量使用矿物燃料时，常排出含 NO_x 化物、SO_x 化物的废气，不但污染大气环境，还会引起 pH 值很低的酸性降水，导致多种植物凋落死亡，破坏森林生态系统。

问题： 1. 收集环境问题的资料归纳指出，中国面临的主要环境问题有哪些？

2. 山东省面临的主要环境问题有哪些？

环境问题是指由于自然界或人类活动作用于人们周围的环境引起环境质量下降或生态失调，以及这种变化反作用于人类的生产和生活，产生不利影响的现象。人类与环境不断地相互影响和作用，就会产生环境问题。

一、原生环境问题与次生环境问题

环境问题多种多样，归纳起来有两大类：一类是自然演变和自然灾害引起的原生环境问题，也称第一环境问题。另一类是人类活动引起的次生环境问题，也称第二环境问题；次生环境问题包括环境污染和生态破坏，即人为因素造成的环境污染和自然资源与生态环境的破坏。人类生产、生活中产生的各种污染物进入环境，超过了环境容量的容许极限，使环境受到污染和破坏，这些都属于次生环境问题。人类在开发利用自然资源时，超越了环境自身的承载能力，使生态环境恶化，有时候会出现自然资源枯竭的现象，这些都是人为造成的环境问题，即次生环境问题。

环境问题
- 原生环境问题：火山喷发、地震、洪涝、干旱、泥石流等。
- 次生环境问题
  - 环境污染：大气、水、土壤污染等。
  - 生态破坏：森林减少、草原退化、土地沙化等。

原生环境问题和次生环境问题往往难以截然分开，它们之间常常存在着某种程度的因果关系和相互作用。当前人类面临着日益严重的环境问题，没有哪一个国家和地区能够逃避不断发生的环境污染和自然资源的破坏，它直接威胁着生态环境，威胁着人类的健康和子孙后代的生存。于是人们呼吁“只有一个地球”“文明人一旦毁坏了他们的生存环境，他们将被迫迁移或衰亡”，强烈要求保护人类生存的环境。

知识链接

次生环境问题有时可以转变为原生环境问题。如乱砍滥伐引起森林植被的破坏，造成水土流失，就会发生滑坡、泥石流；过度放牧引起的草原退化、大面积开垦草原引起的沙漠化和土地沙化，这些看似原生环境问题，其实是由次生环境问题引起的。

二、环境问题的产生

在远古时期的环境问题是因乱采、乱捕破坏人类聚居的局部地区的生物资源，引起生活资料缺乏甚至饥荒，或者因为用火不慎而烧毁大片森林和草地，迫使人们迁移以谋生存；以农业为主的奴隶社会和封建社会的环境问题是在人口集中的城市，由于各种手工业作坊和居民抛弃的生活垃圾，而出现环境污染；工业革命以后到20世纪50年代，环境问题越来越严重，出现了石油农业生产导致的大规模环境污染，局部地区的严重环境污染已酿成震惊世界的公害事件；随着社会经济的发展，许多地方的自然环境被破坏，出现区域性生态平衡失调的现象。

中国环境问题产生的原因：①各类生活污水、工业废水导致的水体污染；②工业烟尘废气、交通工具产生的尾气导致的大气污染；③各类噪声污染；④各类残渣、重金属以及废物产生的土壤污染；⑤过度放牧以及滥砍滥伐导致的水土流失、生态环境恶化；⑥过度开采各类地下资源导致的地层塌陷与土壤结构破坏；⑦大量使用不可再生能源导致的能源资源枯竭等。

三、世界面临的环境问题

当前全球性的环境问题主要是人口问题、资源短缺问题、环境污染问题和生态破坏问题。他们之间相互关联、相互影响，成为当今世界环境科学所关注的主要问题。

（一）人口问题

人口的快速增加是当前世界环境的首要问题。近百年来，世界人口的增长速度达到了人类历史上的最高峰，目前世界人口已超过 75 亿。人既是生产者，又是消费者。作为生产者需要大量的自然资源支持，如农业生产要有耕地，工业生产需要各类矿产资源、生物资源以及能源。人口增加必然要扩大生产规模，一方面所需要的资源将增大，另一方面生产会产生大量的废物，从而导致环境污染加重。作为消费者，人口增加会对土地占用、各类资源需求增加，同时排出的废弃物量也会增加，导致环境污染加重。

（二）资源短缺问题

资源短缺问题是当今人类发展所面临的另一个主要问题。自然资源是人类生存和发展不可缺少的物质依托和条件。然而，随着全球人口增长和经济快速发展，对自然资源的需求与日俱增，人们正受到某些资源短缺或耗竭的严重挑战。全球资源匮乏和危机几个主要方面是：

1. 淡水资源危机　地球表面虽然 2/3 被水覆盖，但是 97%为无法饮用的海水，只有不到 3%是淡水，其中又有 2%封存于极地冰川之中。在仅有的 1%淡水中，25%为工业用水，70%为农业用水，只有很少的一部分可供饮用和其他生活用途。世界上 100 多个国家和地区缺水，其中 28 个被列为严重缺水的国家和地区。经世界银行预测再过 20～30 年，严重缺水的国家和地区将达 46～52 个，缺水人口将达 28 亿～33 亿人。我国的北方和沿海地区水资源严重不足，这些缺水城市主要集中在华北、沿海，多为省会城市、工业型城市。

2. 资源和能源短缺　人类无计划、不合理的大规模开采导致资源和能源短缺。20 世纪 90 年代全世界消耗能源总数约 100 亿吨标准煤，到了新世纪能源消耗量将翻一番。从石油、煤、水利和核能发展的情况来看，要满足这种需求量是十分困难的。因此，在新能源（如太阳能、快中子反应堆电站、核聚变电站等）开发利用尚未取得较大突破之前，世界能源供应将日趋紧张。此外，其他不可再生性矿产资源的储量也在日益减少，这些资源终究会被消耗殆尽。

3. 森林锐减　森林是生态系统中人类赖以生存的重要组成部分。地球上曾经有 76.0 亿公顷的森林，到 19 世纪初时下降为 55.0 亿公顷，截至 2018 年已经减少到 38.7 亿公顷。由于世界人口的增长，对耕地、牧场、木材的需求量日益增加，导致对森林的过度采伐和开垦，使森林受到前所未有的破坏。现在，全世界每年约有 1200 万公顷的森林消失，绝大多数是对全球生态平衡至关重要的热带雨林。对热带雨林的破坏主要发生在热带地区的发展中国家，尤以巴西的亚马孙情况最为严重，亚太地区、非洲的热带雨林也在遭到破坏。

4. 土地荒漠化　荒漠化是由于气候变化和人类不合理的经济活动等因素，使干旱、半干旱和具有干旱灾害的半湿润地区的土地发生了退化。全球现有 12 亿多人受到荒漠化的直接威胁，其中有 1.35 亿人在短期内有失去土地的危险。荒漠化已经不再是一个单纯的生态问题，而已演变为经济问题和社会问题，它给人类带来贫困和社会不稳定的诸多环境问题中，土地荒漠化已成为最为严重的灾难之一。

5. 物种加速灭绝　现今地球上生存着500万～1000万种生物。一般来说物种灭绝速度与物种生成的速度应是平衡的。但是，由于人类活动破坏了这种平衡，使物种灭绝速度加快，据《世界自然资源保护大纲》估计，每年有数千种动植物灭绝，已有50万～100万种动植物消失，而且灭绝的速度越来越快。世界野生生物基金会发出警告：20世纪鸟类每年灭绝一种，在热带雨林，每天至少灭绝一个物种。物种灭绝将对整个地球的食物供给产生威胁，对人类社会发展带来的损失和影响是难以预料的。

（三）环境污染问题

环境污染作为全球性的重要环境问题，主要指的是：

1. 全球变暖　全球变暖是指全球气温升高。近100多年来，全球平均气温经历了冷—暖—冷—暖两次波动，总体看为上升趋势。20世纪80年代后，全球气温明显上升。1981～1990年全球平均气温比100年前上升了0.48℃。最近40年，全球气温上升加速，平均上升0.6℃。导致全球变暖的主要原因是人类在近一个世纪以来大量使用矿物燃料（如煤、石油等），排放出大量的CO_2等多种温室气体。由于这些温室气体对来自太阳辐射的短波具有高度的透过性，而对地球反射出来的长波辐射具有高度的吸收性，导致全球气候变暖，也就是常说的“温室效应”。全球变暖的后果，会使全球降水量重新分配，冰川和冻土消融，海平面上升等，不但危害自然生态系统的平衡，更威胁人类的食物供应和居住环境。

2. 臭氧层破坏　在地球大气层近地面10～50千米的平流层里存在着一个臭氧层，其中臭氧浓度最大的部分位于20～25千米的高度处，其厚度仅为3mm左右。臭氧含量虽然极微，却具有强烈的吸收紫外线的功能，因此，它能挡住太阳紫外辐射对地球生物的伤害，保护地球上的一切生命。然而人类生产和生活所排放出的一些污染物，如用于冰箱空调等设备的制冷剂氟氯烃类化合物及其他用途的氟溴烃类等化合物，它们受到紫外线的照射后可被激化，形成活性很强的原子，与臭氧层的臭氧（O_3）作用，使其变成氧分子（O_2），臭氧迅速耗减，使臭氧层遭到破坏。

3. 酸雨　酸雨是由于空气中硫氧化物（SO_x）和氮氧化物（NO_x）等酸性污染物引起的pH小于5.6的酸性降水，或以其他方式形成的大气酸性降水（雾、霜、露）。它破坏森林生态系统和水生态系统，改变土壤性质和结构，伤害呼吸系统和皮肤等。受酸雨危害的地区，出现了土壤和湖泊酸化，植被和生态系统遭受破坏，建筑材料、金属结构和文物被腐蚀等一系列严重的环境问题。

4. 垃圾成灾　全球每年产生垃圾近100亿吨，而且处理垃圾的能力远远赶不上垃圾增加的速度。我国的垃圾排放量已相当可观，在许多城市周围，堆满了一座座垃圾山，除了占用大量土地外，还污染环境。危险垃圾，特别是有毒、有害垃圾的处理问题（包括运送、存放），造成的危害更为严重和深远，已成为当今世界各国面临的一个十分棘手的环境问题。

5. 有毒化学品污染　市场上有7万～8万种化学品。对人体健康和生态环境有危害的约有3.5万种。其中有致癌、致畸、致突变作用的500余种。随着工农业生产的发展，如今每年又有1000～2000种新的化学品投入市场。由于化学品的广泛使用，全球的大气、水体、土壤乃至生物都受到了不同程度的污染、毒害，连南极的企鹅也未能幸免。自20世纪50年代以来，涉及有毒有害化学品的污染事件日益增多，如果不采取有效防治措施，将对人类和动植物造成严重的危害。

（四）生态破坏问题

生态破坏是指人类不合理的开发、利用自然资源和兴建工程项目而引起的生态环境的退化及由此而衍生的有关环境效应，从而对人类的生存环境产生不利影响的现象。全球性的生态环境破坏主要包括森林减少、土地退化、水土流失、沙漠化、物种消失等。

四、中国面临的环境问题

中国是一个发展中的大国，又处在工业化、城镇化的推进过程中。工业比较集中的城市，环境污染比较严重；而以农业为主的广大农村，则主要是生态破坏问题。两类环境问题相互影响和相互作用，彼此重叠发生，形成所谓“复合效应”，这使中国的环境问题变得更加复杂，危害更加严重。

1. 中国城市环境污染　中国城市，特别是特大城市与大城市环境污染的态势十分严峻，可以用三句话来概括：局部有所控制，总体仍在恶化，前景令人担忧。中国城市大气污染的主要污染源是工业和家庭燃煤污染，属煤烟型污染。烟尘、二氧化碳和二氧化硫是中国城市大气污染的主要污染物。

20 世纪 90 年代，中国人为烟尘和粉尘年排放量分别为 1324 万吨和 781 万吨，人为排放 SO_2 为 1495 万吨，人为排放 CO_2 约 6.5 亿吨碳。总悬浮微粒（吨 SP）和 SO_2 的浓度分布规律是：北方高于南方，冬季高于其他季节，居住区、商业区高于工业区，且早晚出现两个高峰。大气中铅、苯并芘等有害物质 70%以上集中在可吸入颗粒物中，严重威胁人体健康。

中国江河湖泊都已遭到不同程度的污染，城市面临着日益严重的水污染问题；工业固体废物，特别是城市垃圾和粪便处理已成为城市发展中棘手的环境问题之一；汽车噪声是城市区域主要环境噪声源。

2. 中国农村生态破坏　1989 年以前，中国森林资源始终是采伐量大于生长量，毁林开荒、森林火灾和病虫害也是森林资源减少的重要原因。森林破坏不仅使木材和林副产品资源短缺，珍稀野生动植物濒危灭绝，还加剧了自然灾害发生频率和危害程度，加重了水土流失，加速了全球性气候变暖和水库的淤塞等，使陆地生态环境日益恶化。

草原退化是草原开发利用中最突出的问题，据《全国草原监测报告》（2010 年）指出目前有 0.87 亿公顷草原退化，占全国草原总面积的 1/5。且每年仍有 133 万公顷的草原继续退化。草原退化原因主要是畜牧业的发展与草场的生产能力不适应，草原建设和管理落后以及滥垦过度放牧造成的。另外，草场的病、虫、鼠害加重了草原退化，草原退化又进一步导致这些灾害的加剧，形成恶性循环。

中国西北、华北北部和东北西部地区土地沙化最严重。据调查，“三北”地区的 11 个省区有 15.8 万平方千米的土地存在沙化的潜在危险。

水土保持工作总的态势是点上好转，面上在扩大，治理赶不上破坏，水土流失有加剧的趋势。中国水土流失面积为 367 万平方千米，占国土总面积的 38.2%，其中水力侵蚀面积 179 万平方千米，风力侵蚀面积为 188 万平方千米。每年黄河输沙量为 16 亿吨，长江带走泥沙 24 亿吨。全国每年土壤流失量总计达 50 亿吨。自中华人民共和国成立以来，因水土流失减少耕地 267 万公顷，每年的经济损失约 100 亿元。

近几年，治理工作稳步推进，成效显著。与 2014 年相比，2015 年化学需氧量排放量下降 3.1%、氨氮排放量下降 3.6%、二氧化硫排放量下降 5.8%、氮氧化物排放量下降 10.9%。主要污染物总量减排年度任务顺利完成。2015 年全国污染物及废物统计见表 1-1。

表 1-1　2015 年污染物及废物排放统计

项目	数值	项目	数值
废水及其污染物		3. 一般工业固体废物综合利用率/%	60.3
1. 废水排放总量/亿吨	735.32	4. 一般工业固体废物贮存量/万吨	58365
2. 化学需氧量排放总量/万吨	2223.5	5. 一般工业固体废物处置量/万吨	73034
3. 氨氮排放总量/万吨	229.9	6. 一般工业固体废物倾倒丢弃量/万吨	56
废气及其污染物		**工业危险废物**	
1. 二氧化硫排放总量/万吨	1859.1	1. 工业危险废物产生量/万吨	3976.1
2. 氮氧化物排放总量/万吨	1851.9	2. 工业危险废物综合利用量/万吨	2049.7
3. 烟(粉)尘排放总量/万吨	1538.0	3. 工业危险废物贮存量/万吨	810.3
工业固体废物		4. 工业危险废物处置量/万吨	1174.0
1. 一般工业固体废物产生量/万吨	327079	5. 工业危险废物倾倒丢弃量/万吨	0
2. 一般工业固体废物综合利用量/万吨	198807		

五、山东省面临的环境问题

山东一直是中国经济大省之一，改革开放以来，经济发展速度很快，但是由于人口众多，总体环境保护意识淡薄，在资源开发利用和经济发展过程中，对环境重视和保护不够，因而产生了一系列严重的环境问题。

(一) 水环境污染

山东省工业废水主要来源于造纸、化工、采掘、电力、纺织等行业。占比 80%以上。山东省每年污废水排放量为全国第一位，占比 6%左右，详见表 1-2。

表 1-2　2014～2016 年山东省废水排放量　　(单位：亿吨)

年份	2014	2015	2016
废水排放总量	51.4	55.0	50.8
生活废水	33.4	36.4	34.7
工业废水	18.0	18.5	16.1

(二) 大气污染

山东省主要城市大气污染问题严重，主要城市空气污染物以二氧化硫和烟尘为主。冬季，煤烟型污染加重。十一五期间，城市空气质量指数平均值：济南、青岛大于 2.0，属于重污染级；淄博、聊城、济宁大于 1.5，属于中污染级；枣庄、烟台、泰安、滨州、德州大于 1.0，属于轻污染级；东营、威海、日照、潍坊、临沂、菏泽大于0.5，尚属于清洁级。从全省平均情况看，二氧化硫、总悬浮颗粒均超标，氮氧化物不超标。从2014～2016年的城市空气质量变化趋势看，二氧化硫、总悬浮颗粒、降尘在“十三五”期间有所下降，总悬浮颗粒趋于稳定，而空气质量指数全省整体呈下降趋势具体见表1-3。

表1-3　2014～2016年山东省主要污染物排放量　（单位：亿吨）

年份	化学需氧量	氨氮	二氧化硫	氮氧化物	烟尘
2014	178.40	15.5	159.0	159.3	102.4
2015	175.8	15.2	152.6	142.4	108.3
2016	53.1	7.8	113.5	122.9	

（三）固体废物污染

山东是资源大省，金属矿山，特别是黄金矿山众多，每年排放的尾矿工业固体废物产出量逐年增加，已由2005年的2522万吨增加到2015年的5108.7万吨，年平均增长率约10%，但综合利用率低，2015年仅为74%，还有26%有待处理。

20世纪80年代，乡镇企业发展迅速，“三废”（废水、废气、废渣）排放量也快速增加。进入21世纪，乡镇企业发展规模受到限制，但由于乡镇企业生产技术落后，设备简陋，管理低下，污染治理设施短缺，污染物不能得到有效处理。据初步统计，2015年全省乡镇企业“三废”排放量：废水排放量48854万吨，废气排放量2415亿立方米，工业固体废物产生量2368万吨；乡镇企业排放的主要污染物：化学需氧量、二氧化硫、烟尘、工业粉尘、固体废物分别占全省排污总量的42.1%、116.8%、35.2%、4.9%和34.6%，足见乡镇企业污染的严重性。因此，必须采取措施，严格控制污染物由城市向农村转移，保护乡村、小城镇的生态环境。

（四）其他环境问题

进入21世纪，山东省生态环境问题仍然严峻：一是水资源严重短缺，浪费和污染并存。山东省人均占有水资源357立方米，仅为世界和全国平均水平的3.3%和13.4%，属于严重缺水省份。而且农灌用水浪费很大，地表水利用率很低。二是植被覆盖率很低，水土流失严重。全省森林覆盖率仅为17.51%，人均林地340平方米，是全国人均林地的27.9%，且结构不合理，区域分布不平衡，防护效能差，每年流失土壤2.53亿吨。三是水域生态平衡失调，农业生态恶化，河流断流已成为令人担忧的生态问题，尤其是黄河的断流，出现了历史上罕见的汛期断流和跨年度断流，使该地区的生态环境区域恶化。四是海洋污染和过度捕捞，优质鱼类锐减，渔业资源衰退，海岸线因挖沙、砍伐防护林而受到侵蚀危害，造成沿岸盐田和农田被吞噬。

第3节　环境污染对人体健康的危害

人通过新陈代谢和环境进行物质交换，在正常状况下，环境中的物质与人体保持动态平衡，使人体得以正常生长、发育，充满活力。但是由于人类活动超过环境的承载能力，造成许多地方环境质量下降，影响人们身体健康和其他生物正常生存。

一、环境污染

人类生产和生活过程中不可避免地向环境排放污染物质，如果排放的污染物质没有超过环境容量，由于大气、水、土壤等的扩散、稀释、氧化还原、生物降解等作用，污染物质的浓度和毒性会自然降低，这种现象称为环境自净。如果排放的污染物质超过了环境的自净能力，环境质量就会发生不良变化，危害人类健康和生存，这就是环境污染。如石化燃料的大量燃烧，使大气中的颗粒物和SO_2浓度急剧增高，污染大气环境；工业废水和生活污水的超标排放，使水体水质恶化，造成水体污染等。

二、环境污染类型及危害

（一）环境污染的分类

环境污染按人类活动分为工业环境污染、城市环境污染、农业环境污染；按污染性质和来源分为化学污染、物理污染、生物污染；按环境要素（形态）分为大气污染、水污染、噪声污染、固体污染、能源污染、辐射污染。此外，还有热污染、光化学污染等，主要分类见图 1-1。

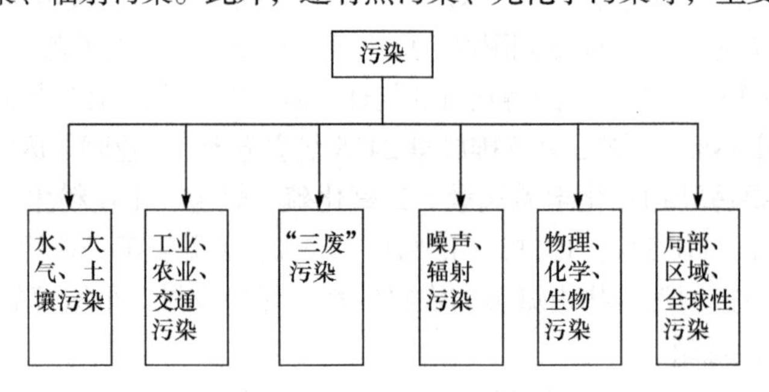

图 1-1　环境污染主要分类

（二）环境污染对人体健康的危害

1. 水污染对人体健康的危害　水污染是指水体因某种物质的介入，而导致其化学、物理、生物或者放射性污染等方面特性的改变，造成水质恶化，从而影响水的有效利用，危害人体健康或者破坏生态环境的现象。农田用的杀虫剂和化肥、工厂排出的污水、矿场流出的酸性溶液使得江河湖海受到污染，不但水里的生物受害，鸟类和人类也可能因吃了这些生物而中毒，这些污染进入食物链最终对人体健康产生危害。海洋比江河的环境容量大，容纳污染物多，自净化能力强，故海洋污染往往容易被人们忽视。

2. 大气污染对人体健康的危害　地面排出的污染物，改变了大气圈中某些原有成分和增加一些有害有毒物质，使大气受到污染。空气中污染物的浓度达到或超过了有害程度，破坏生态系统和人类的正常生存和发展，对人和生物造成危害。空气污染主要来自工厂、汽车、发电厂等放出的如一氧化碳和硫化氢，人因接触了这些污染的空气可导致呼吸器官或视觉器官的疾病。

3. 固体废弃物污染对人体健康的危害　固体废弃物长期堆放，受雨水侵蚀，排出有害液体，污染土壤和水体，液体中的有害成分被农作物吸收富集，人们食用被污染的粮食作物，危及身体健康。同样，垃圾处理不当，导致腐烂，造成致病菌大量繁殖。病菌通过大气传播于人体，对人的生命健康也会构成巨大威胁。

4. 放射性污染对人体健康的危害　主要表现为受到射线过量照射而引起的急性放射病。在特殊环境下，放射性元素可能通过动物或植物富集而污染食品，进而对人类身体健康产生危害。

5. 噪声污染对人体健康的危害　噪声污染是指所产生的环境噪声超过国家规定的环境噪声排放标准，并干扰他人正常工作、学习、生活的现象。噪声对人体的危害是全身性的，既可以引起听觉系统的变化，也可以对非听觉系统产生影响。这些影响的早期主要是生理性改变，长期接触比较强烈的噪声，可以引起病理性改变。一次强噪声作用会造成爆震性听力损伤。

6. 生物污染对人体健康的危害　对人和生物有害的微生物、寄生虫等病原体和变应原等污染水、大气、土壤和食品，危害人类健康，这种污染称为生物污染。包括动物污染、植物污染、微生物污染。特别是寄生虫、细菌和病毒等引起的环境(大气、水、土壤)和食品的污染，人体接触或食用，会引起各种疾病。

环境污染会给生态系统造成直接的破坏和影响，反过来，生态系统的破坏又影响环境质量。如温室效应、酸雨和臭氧层破坏是由大气污染衍生出的环境效应。这种由环境污染衍生的环境效应具有滞后性，往往在污染发生的初期不易被察觉或预料到，然而一旦发现就表示环境污染已经发展到相当严重的地步。

目前在全球范围内都不同程度地出现了环境污染问题，主要有大气环境污染、海洋污染、城市环境问题等方面。随着经济和贸易的全球化，环境污染也日益呈现国际化趋势，近年来出现的危险废物越境转移问题就是这方面的突出表现。

第4节　环境道德和生态道德教育

现代环境道德要求人们在日常生活和物质消费领域中确立全新的道德标准，从崇尚过度的资源消费的传统生活方式，转变为在全社会倡导一种与自然和谐相处、享受健康的生活方式。在日常生活中，一切生活、消费行为应以节约自然资源、保护生态环境为荣，以浪费自然资源、污染自然环境为耻。人们的居住、交通、旅游、娱乐、交际等方式的选择，应当有利于自然资源的节约使用和再利用，有利于自然生态系统的平衡。

一、环境道德教育

环境道德是人们为了保护自然生态环境，自觉调整人与自然的关系而形成的道德意识、道德规范和行为实践的总和。

当代环境道德的基本精神是以人类特有的道德自觉态度协调人与自然的关系，重视自然界的权利和内在价值，尊重地球上生命形式的多样性，爱护各种动物和植物，保护自然环境，合理利用自然资源，维护地球生态系统的平衡，促进人类社会与自然环境的协调和可持续发展。

当代环境道德观念的形成和发展，是人类道德认识的一次重要升华。它改变了人类对待自然的态度，要求人类从过去多数人强调“战胜自然”，转变为与自然和谐相处，从“大自然的征服者”转变成为自然界的“善良公民”。它拓展了人类的伦理视野，把道德调节的范围从人与人的关系，扩大到了人与自然的关系，肯定了人作为自然界道德监护者的神圣职责，它提高了人们的利益观念水平，从只重视人类的利益或当代人的利益，扩大到考虑全体人类及其子孙的长远利益和整个生态系统的利益。

环境道德规范是衡量或评价人们处理与生态环境关系的具体行为准则，随着人类对自然生态环境重要性的认识逐步深入，不断丰富完善，热爱大自然、与自然为友成为大家的共识。人是大自然的产物，大自然是人类社会赖以生存和发展的物质条件，人与自然的关系，不是敌对的征服与被征服的关系，而是互惠互利、共存共荣的友善关系。人类对大自然的热爱，实质上是对人类生命本身的热爱；对大自然的爱护，实质上是对人类文明发展的爱护。

二、生态道德教育

生态道德是环境道德范畴内具有特殊含义的一部分，指反映生态环境的主要本质、体现人类保护生态环境的道德要求，并成为人们的普遍信念，对人们行为发生影响的基本道德规范。

生态道德具有以下几个主要特征：第一，它必须是反映人与自然、人与人之间的最本质、最主要、最普遍的道德关系的基本概念；第二，它的规定性必须体现一定的社会整体对人们的道德要求，显示人们认识和掌握道德现象的一定阶段；第三，它必须是作为一种信念存在于人们内心，并能时时指导和制约人们的行为。

生态道德的建设是一项复杂的工程，涉及社会的方方面面，关系到各方的利益。因为道德关系到人们内心的价值观和是非判断，所以它不同于法律规章和制度体系的建设。生态道德建设更复杂，更系统，需要采取更为谨慎的措施来实施和完善。

良好的社会环境对生态道德建设发挥着重要的作用，有了良好的环境，形成全民保护环境、全民节能减排、全民治理污染的良好社会风尚，才有利于生态道德建设的顺利实施。

生态道德规范也是衡量或评价人们处理与生态环境关系的具体行为准则，基本内容为爱惜动植物，保护生态平衡。现代生态科学表明，保护地球现有动植物群落的完整、稳定，是保持地球基本的生态过程和生命维持能力，保证物种遗传资源的多样性，维护包括人类在内的整个地球上生态系统平衡的重要条件。人类只有保证地球上的其他生物能生存和发展，人才能在地球上生存和发展；一旦地球上的动植物遭到人类盲目的严重毁损，人类就会失去维护生命所必需的物质交换对象和自然环境。

马克思主义伦理学指出，任何一种道德最终能否为社会所接受，能否转化为社会成员的风俗习惯和道德实践，关键在于它能否反映社会伦理关系的本质，是否能体现社会发展的必然性。这也就是说，生态道德究竟能够在多大范围、何种程度上为人们所信奉和遵循，主要取决于生态道德教育的广度和深度。只有加强生态道德教育，提高整个民族的生态意识，才能更好地应对环境危机，创造良好的生存环境。

在生态问题中，人与自然的矛盾是人类始终面临和需要解决的问题。当今人类与自然环境的关系出现了紧张和对立，整个生态系统不断受到破坏。因此，为保障人类与自然的和谐，保护生态平衡，除经济和法律手段外，还必须依靠道德的力量。建立适应生态环境保护和改善的道德规范，有利于形成人们坚定的内心信念，形成强大的社会舆论压力。

生态环境道德是人类在处理与自然关系时应该遵循的行为准则，是社会发展的必然要求，是公民道德建设的重要内容。这不仅反映了新阶段道德建设的客观实际和规律，也体现了先进文化的发展方向。生态环境道德的总体要求是：热爱自然，保护生态，改善环境。对青少年生态环境道德的具体行为要求是：珍爱生灵，节约资源，抵制污染，植绿护绿。

三、加强环境教育，提高学生环境保护综合素养

环境教育是提高全民族思想道德素质和科学文化素质的基本手段之一，是全民教育、终身教育。

全民环境教育的目的：树立环境意识，实现观念转变，提高全民族的环境意识，自觉参与、共同承担环境保护的责任和义务。营造人人热爱环境，保护环境，参与改善、建设环境的氛围，建立一种善待环境的新行为模式。环境意识不仅是科学意识和道德意识，也是现代意识和艺术意识的重要内容，是人类文明进步的标志。

学生既是生态环境道德的重点教育对象，更是生态环境道德建设的积极推动者。学生要率先行动、开风气之先，充分发挥生力军作用。生态环境道德要求人们热爱自然、保护生态、改善环境。对于学生来说，首先做到珍爱生灵，平等对待自然界中的其他生命体，不随意损害它们。关爱小动物，不吃珍稀动植物等都是珍爱生灵的行为。要做到植绿护绿，不践踏草木，不攀折花叶；多植一棵树、多种一片草、多养一盆花、多增加一些绿色，是学生应尽的义务。应该节约资源，使用可再生的资源、分类回收废物；抵制污染，不乱扔垃圾，不用或少用难降解和难再生的物品；不焚烧秸秆，及时制止他人污染环境的行为。

小　结

本章通过学习环境基础知识，树立学生的环境保护意识。随着社会经济的发展，环境问题越来越严重，世界面临的环境问题也是中国面临的环境问题，中国面临的环境问题也是山东省面临的环境问题。通过本章的学习，应当认识到治理污染、保护环境的紧迫性。通过环境和生态道德教育，提高学生自觉保护环境的觉悟，并能够积极参与保护环境的公益活动。

1. 环境教育的目的和意义是什么？
2. 简述环境污染对人体健康的危害。
3. 简述环境道德教育及公众参与环境保护的意义。

第2章 生态平衡与保护

不论是自然界的森林、草原、湖泊，还是水族馆的一方鱼缸，都是由动物、植物、微生物等生物成分和光、水、土壤、空气、温度等非生物成分所组成的生态系统。生态系统当中每一个组成成分都不是孤立存在的，而是相互联系、相互制约，它们之间通过相互作用达到一个相对稳定的平衡状态。平衡一旦被破坏，则会带来一系列的连锁反应。因此，保护生态平衡是每一个人应尽的责任和义务。

第1节 生态系统

案例 2-1

1906 年，美国亚利桑那州的凯巴布森林为了保护鹿群，大肆猎杀狼等鹿的天敌。失去天敌的鹿在十几年内迅速繁殖，总数超过了 10 万只，很快引发了食物短缺和瘟疫，数量急剧下降，到 1942 年只剩下不到 8000 只病鹿。

问题： 1. 生态系统的组成和功能有哪些？

2. 请分析导致以上案例发生的原因。

一、生态系统的概念

生态系统，指在自然界的一定的空间内，生物群落与它的非生物环境相互作用构成的统一整体。世界上最大的生态系统是地球生物圈。

从更科学、更专业的角度来说，生态系统是在一定空间范围内，由生物群落与其环境所组成、具有一定格局、借助于功能流(物种流、能量流、信息流、物质流和价值流)而形成的稳态系统。

二、生态系统的组成和功能

(一) 生态系统的组成

生态系统的组成一般如下所示：

- 生态系统
  - 生物环境(生命系统)
    - 生产者
      - 绿色植物
      - 光合细菌等其他自养微生物
    - 消费者(动物)
      - 初级消费者：食草动物
      - 次级消费者：食肉动物
      - 三级消费者：大型食肉动物
    - 分解者：有机异养型生物
  - 非生物环境(非生命系统)
    - 介质：水、空气、土壤
    - 基质：岩石、砂、泥
    - 代谢原料：光、二氧化碳、水、氧气、无机和有机营养物质

1. 生物环境

(1)生产者：生产者是能利用简单的无机物合成有机物的自养生物或绿色植物。能够通过光合作用把太阳能转化为化学能，或通过化能合成作用，把无机物转化为有机物，不仅供给自身的生长发育，也为其他生物提供物质和能量。生产者是生态系统中最基本的成分之一，在生态系统中居于重要地位。

自养型生物在生态系统中都是生产者，如水中的有根植物或漂浮植物、森林和草地生态系统中的草本植物、灌木和乔木等。除了绿色植物外，能进行化能合成作用的细菌(硝化细菌等)也都是生产者(图 2-1)。

(2)消费者：消费者是指不能用无机物制造有机物进行生产，而只能直接或间接依赖生产者存活的生物。他们消耗有机物，使物质和能量实现再分配，属于异养生物。

一级消费者又称初级消费者，是以生产者为食的生物。例如，牛、马、羊、鹿、象、兔、鼠及某些鸟类等。

二级消费者又称一级食肉动物，是以食草动物为食的食肉动物。

图 2-1 生产者——绿色植物

三级消费者又称二级食肉动物，以一级食肉动物为食。

自然界也有一些既食草又食肉的动物，比如狐狸，则称为杂食性动物。人也是杂食性动物。

(3)分解者：分解者是生态系统中将动植物遗体和排泄物所含的复杂有机物质分解为可供生产者重新利用的简单无机物的生物。主要包括营腐生生活的细菌、真菌，以及原生动物、小型无脊椎动物等异养型生物。

分解者的作用在生态系统中的地位是极其重要的，如果没有分解者，动植物残体、排泄物等无法循环，物质将被锁在有机质中不能被生产者利用，导致生态系统的物质循环终止，整个生态系统就会崩溃。

2. 非生物环境　非生物环境是生态系统中非生物因子的总称。由物理、化学因子和其他非生命物质组成，包括阳光、水、无机盐、空气、有机质、岩石等。

（二）生态系统的营养结构

食物链是吃与被吃的关系（捕食关系）彼此联系起来的序列，又称营养链。我们常说的“大鱼吃小鱼，小鱼吃虾米”，就是对“虾米→小鱼→大鱼”这一简单食物链的描述。然而在自然界当中，一种消费者往往不只吃一种食物，而同一种食物又往往为不同的消费者所食，造成许多食物链相互连接在一起的情况。这种错综复杂的网状结构就是食物网。

案例 2-2

根据温带草原生态系统的食物网简图（图 2-2）回答下列问题。

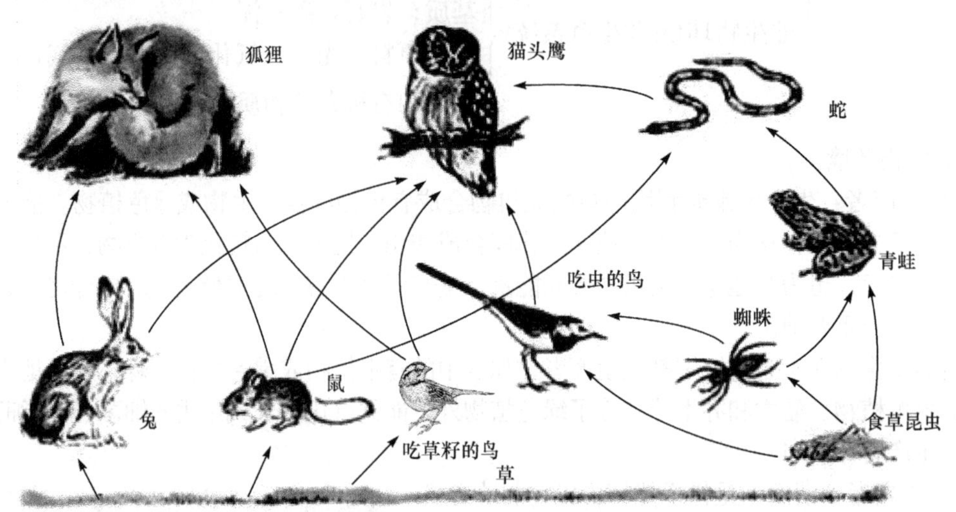

图 2-2　温带草原生态系统的食物网简图

问题： 1. 图 2-2 中哪些是生产者？哪些是消费者？

2. 从食物网中，你能找出几条完整的食物链？

小提示： 每条食物链的起点都是生产者，终点是不被其他动物食用的动物。

食物链和食物网是生态系统的营养结构。食物链越多，食物网越复杂，生态系统抵抗外界干扰的能力就越强。

（三）生态系统的功能

下面将要提到的能量流动和物质循环，都是沿着食物链进行的。

1. 能量流动　能量流动是指能量通过食物链和食物网逐级传递。太阳能是所有生命活动的能量来源，它通过绿色植物的光合作用进入生态系统，然后从绿色植物转移到各种消费者。

能量流动的特点：是单向流动和逐级递减。

单向流动：是指生态系统的能量流动只能从第一营养级流向第二营养级，再依次流向后面的各个营养级。一般不能逆向流动。这是由生物长期进化所形成的营养结构决定的。如狼捕食羊，但是羊不能捕食狼。

逐级递减是指输入到一个营养级的能量不可能百分之百地流入后一个营养级，能量在沿食物链流动的过程中是逐级减少的。能量在沿食物网传递的平均效率为 10%～20%，即一个营养级中的能量只有 10%～20%的能量被下一个营养级所利用(图 2-3)。

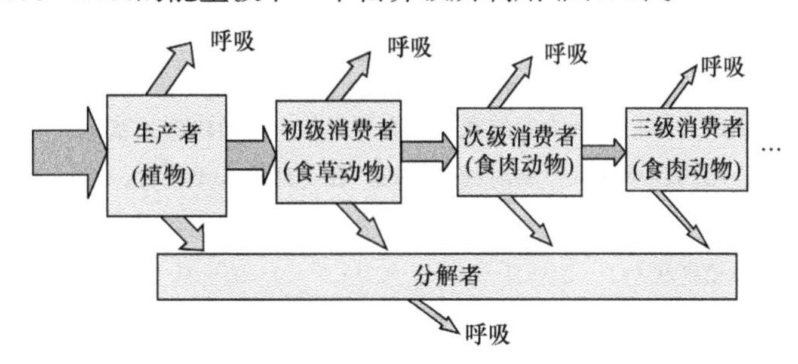

图 2-3　生态系统能量流动图解

2. 物质循环　生态系统的物质循环是指组成生物体的 C、H、O、N、P、S 等基本元素在生态系统的生物群落与无机环境之间反复循环运动。

我们已经了解到，生态系统中能量的流动是单向流动、逐级递减的，能量并不能重复、循环地利用，但生态系统却仍旧保持稳定，正常运转，这是因为有源源不断的太阳能提供。既然生态系统的物质只能来自于地球本身，那亿万年来为什么没有被耗尽呢?

举一个简单的例子：动物的呼吸作用消耗有机物和氧气，产生二氧化碳和水；产生的二氧化碳和水可以提供给绿色植物进行光合作用，产生有机物和氧气；而有机物(如草)和氧气又可以提供给动物。由此可见物质与能量不同，它是循环流动、重复使用的(图 2-4)。

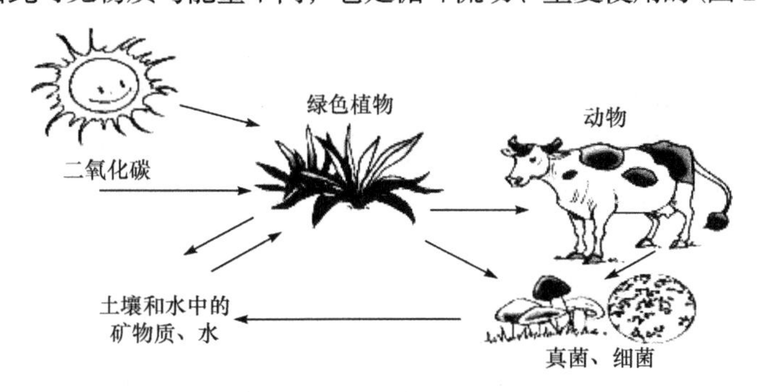

图 2-4　生态系统物质循环图解

基本元素在生物群落和无机环境之间的往返运动，除了伴随着复杂的物质变化以外，也离不开能量的驱动。生态系统的能量流动和物质循环是不可分割的，物质循环是能量流动的载体，能量又能为物质循环提供动力。

3. 信息传递　生态系统信息传递具有重要的作用，按照类型可分为物理信息、化学信息和行为信息。

例如，蝙蝠对周围环境的识别、取食与飞行，几乎完全依赖声波这一物理信息。蝙蝠通过自身发出声波，对目标进行“回声定位”。许多动物都能在特定时期释放信息素，通过化学信息吸引异性；蜜蜂有“语言”交流，可以用“舞蹈语言”(行为信息)传递消息，而且“语汇”非常丰富。

所以，生命活动的正常进行，离不开信息传递；生物种群的繁衍，也离不开信息的传递。信息还可以调节生物的种间关系，以维持生态系统的稳定。

知识链接

当生态系统处于平衡状态时，系统内各组成成分之间保持一定的比例关系，能量、物质的输入与输出在较长时间内趋于相等，结构和功能处于相对稳定状态，在受到外来干扰时，能通过自我调节恢复到初始的稳定状态。在生态系统内部，生产者、消费者、分解者和非生物环境之间，在一定时间内保持能量与物质输入、输出动态的相对稳定状态。

三、生态平衡与失衡

（一）生态平衡

生态平衡是指在一定时间内生态系统中的生物和环境之间、生物各个种群之间，通过能量流动、物质循环和信息传递，使它们相互之间达到高度适应、协调和统一的状态。也就是说，当生态系统处于平衡状态时，系统内各组成成分之间保持一定的比例关系，能量、物质的输入与输出在较长时间内趋于相等，结构和功能处于相对稳定状态。这种状态不是绝对静止的，有一定的稳定性和弹性，在受到的干扰不大时，能通过自我调节恢复到初始的稳定状态。

（二）生态失衡现状及其危害

破坏生态平衡的因素有自然因素和人为因素。自然因素如水灾、旱灾、地震、台风、山崩、海啸等。由自然因素引起的生态平衡破坏称为第一环境问题。由人为因素引起的生态平衡破坏称为第二环境问题。人为因素是造成生态平衡失调的主要原因，即由于人类不合理地开发和利用自然资源，其干预程度超过生态系统的阈值范围，破坏了原有的生态平衡状态，而对生态环境带来不良影响。

随着近代工业文明的不断进步，人类陶醉于征服自然所取得的成功，把自然置于被奴役的地位。不顾客观规律的制约，大规模地把自然生态系统转变为人工生态系统，严重干扰和损害了生物圈的正常运转；大量取用生物圈中的各种资源，严重破坏了生态平衡；向生物圈中超量输入人类活动所产生的产品和废物，严重污染和毒害了生物圈的物理环境和生物组分。

生态系统一旦失去平衡，会发生非常严重的连锁性后果。20世纪50年代，我国曾大量捕杀麻雀，但在之后的几年里，出现了严重的虫灾，使农业生产受到巨大的损失。原来，麻雀是害虫的天敌，消灭了麻雀，害虫大肆繁殖，导致了虫灾发生、农田绝收等一系列惨痛的后果。再如，1998年长江流域遭受了特大的洪涝灾害，其重要原因主要是长江上游地区的天然植被遭到大量的砍伐，失去了防水固土的作用，导致生态系统的平衡是大自然经过很长时间才建立起来的动态平衡，一旦受到破坏，有些平衡便无法重建，带来的恶果可能是人类后期再多的努力也无法弥补。因此，人类要保护生态平衡。

（三）遵循自然规律，保护生态平衡

保持生态系统的平衡，不仅关系到某些生物的生存和发展，也直接影响到人类的生活与生存。因此，人们要弄清自然环境中各类生态系统和生态系统中各成分之间的相互关系，掌握它

们的发展规律，因势利导地使它们朝着有利于人类的方向发展。

环境保护首先要从认识上提高，同时政府也要重视并予以支持，还需要社会公众的广泛参与和舆论的监督。其次要重视科学技术，将科技应用到环境的治理和保护中。如对工业污染“三废”（废水、废气、废渣）要妥善处理和科学治理；污染的水域，要及时治理，要保护那些未被污染的水体，限制工厂的污水排放；禁止滥砍滥伐，大力植树造林，防沙固土，退耕还林，退耕还草和合理使用土地；农业病虫害要综合防治，合理使用农药。

人类和自然界原本是一体，人是自然界的一部分，自然界既是人类的本原，也是人类的归宿。每位同学应该从“我”做起，自觉地做环保小卫士，保护好人类自身赖以生存的生态系统，就是保护人类自己。

第 2 节　生物多样性

案例 2-3

在人类出现以前，物种的灭绝与物种形成一样，是一个自然的过程，两者之间处于一种相对的平衡状态。人类出现以后，尤其是近百年来，随着人口的增长和人类活动的加剧，物种灭绝的速度大大地加快。在 17 世纪时，每 5 年有一种哺乳动物灭绝，到 20 世纪则平均每 2 年就有一种哺乳动物灭绝。就鸟类而言，在更新世的早期，平均每 83.3 年有一个鸟类绝灭，而 20 世纪则每 1 年就有一种鸟类从地球上消亡。科学家估计，目前物种丧失的速度比人类干预以前的自然灭绝速度要快 1000 倍。

问题： 1. 读完上述案例，你有什么感想?

2. 你认为近年来生物多样性锐减的原因有哪些?

一、生物多样性

生物多样性是指一定范围内多种多样活的有机体(动物、植物、微生物)有规律地结合所构成稳定的生态综合体。这种多样性包括动物、植物、微生物的物种多样性，物种遗传变异的多样性及生态系统的多样性。其中，物种的多样性是生物多样性的关键，它既体现了生物之间及环境之间的复杂关系，又体现了生物资源的丰富性。我们已经知道地球上大约有 200 万种生物，这些形形色色的生物物种就构成了生态综合体(图 2-5)。

图 2-5　多样的生物物种

我国幅员辽阔，是地球上生物多样性最丰富的国家之一(表 2-1)。

表 2-1 我国丰富的动植物资源(出自《中国生物多样性红色名录》)

类型	已知种类	特有种类	占同类动/植物种类百分比/%
哺乳动物	673 种	150 种	22.3
鸟类	1372 种	77 种	5.6
爬行动物	461 种	142 种	30.8
两栖类	408 种	272 种	66.7
鱼类	1443 种	957 种	6.3
苔藓类	2494 种	57 种	2.3
蕨类植物	2177 种	458 种	21.0
裸子植物	249 种	111 种	44.6
被子植物	29530 种	4284 种	14.5

我国虽然生物物种具有多样性，但是不可盲目乐观。我国的生物多样性过去遭受到的破坏和当前面临的威胁都是十分严重的：森林面积狭小，碎裂分散；草场超载过牧，退化严重；对动植物资源过量开发利用及偷猎偷采珍稀濒危动植物的现象仍然存在；环境污染日益严重；干旱、半干旱地区水资源的不合理利用带来负面的环境变化；外来物种入侵导致生态失衡；过度捕捞导致渔业资源衰退；旅游、采矿、围垦湿地等其他活动也对生物多样性产生不利影响。

生物多样性是地球上生命经过几十亿年发展进化的结果，是人类赖以生存的物质基础，给人类带来了巨大的好处。但是工业革命及科技革命以来，人类的活动日益影响着地球的自然环境。不管是我国，还是世界范围内其他地区，生物多样性正遭受着前所未有的破坏，目前世界上每小时就有一个物种消失，物种一旦消失，就永不会再现。也就是说，继 6500 万年前恐龙灭绝后，我们正面临着一场全球生物多样性危机！

二、生物多样性的意义

生物多样性的意义主要体现在生物多样性的价值。对于人类来说，生物多样性具有直接使用价值、间接使用价值和潜在使用价值。

(一) 直接使用价值

生物多样性为人类提供了食物、纤维、建筑和家具材料及其他工业原料。生物多样性还可以陶冶人们的情操，美化人们的生活。如果大千世界里没有色彩纷呈的植物和神态各异的动物，人们的旅游和休憩也就索然寡味了。正是雄伟秀丽的名山大川与五颜六色的花鸟鱼虫相得益彰，才构成令人赏心悦目、流连忘返的美景。另外，生物多样性还能激发人们文学艺术创作的灵感(图 2-6)。

图 2-6　家具、建筑材料和食物

（二）间接使用价值

间接使用价值指生物多样性具有重要的生态功能。无论哪一种生态系统，野生生物都是其中不可缺少的组成成分。在生态系统中，野生生物之间具有相互依存和相互制约的关系，它们共同维系着生态系统的结构和功能。野生生物一旦减少，生态系统的稳定性就要遭到破坏，人类的生存环境也要受到影响。

（三）潜在使用价值

仅就药用来说，发展中国家人口有 80%依赖植物或动物提供的传统药物，以保证基本的人类健康；就是在发达的美国也有 40%以上的药物来自药用植物。野生生物种类繁多，但人类对它们做过比较充分研究的只占极少数，大量野生生物的使用价值目前还不清楚。可以肯定的是，这些野生生物具有巨大的潜在使用价值。任何一种野生生物一旦从地球上消失就无法再生，它的各种潜在使用价值也就不复存在了。因此，对于目前尚不清楚其潜在使用价值的野生生物，同样应当珍惜和保护。

三、保护生物多样性

（一）就地保护

为了保护生物多样性，把包含保护对象在内的一定面积的陆地或水体划分出来，进行保护和管理，这叫作就地保护。比如，建立自然保护区实行就地保护。自然保护区是有代表性的自然系统、珍稀濒危野生动植物种的天然分布区，包括自然遗迹、陆地、陆地水体、海域等不同类型的生态系统。自然保护区还具备科学研究、科普宣传、生态旅游等重要功能。

大熊猫是我国的国宝，主要分布在陕西秦岭南坡，甘肃、四川交界的岷山，四川的邛崃山、大相岭、小相岭和大小凉山等彼此分割的 6 个区域。大熊猫栖息于海拔 1400～3600 米的落叶阔叶林、针阔叶混交林和亚高山针叶林带的山地竹林中。其中除四川卧龙外，每个种群不足 50 只，有的仅有 10 余只。支离破碎的栖息地和孤立分布的生存状态对于大熊猫的繁殖和抵抗自然灾害都是十分不利的。

卧龙自然保护区是国家第三大保护区，其中的“中华大熊猫园”是为保护国宝而设计，把生态资源、研究实践、拓展建设、长远发展结合起来，把就地取材、因势利导、顺应自然与生态建设结合起来。通过大熊猫野化驯养区、大熊猫产仔区、大熊猫野外放归过渡区、大熊猫野外放归试验区等互动一体的功能区的规划设计，成功地完成了“保护是前提，研究为中心，放归是目的”的重要任务，为提供更多更优化且合乎自然的研究大熊猫创造了更优秀的条件，使卧龙自然保护区成为世界上最生态、最优秀、最先进、最前卫的保护、研究大熊猫的自然保护区(图 2-7)。

(二) 迁地保护

迁地保护是在生物多样性分布的异地，通过建立动物园、植物园、树木园、野生动物园、种子库、基因库、水族馆等不同形式的保护设施，对那些比较珍贵的物种、具有观赏价值的物种或其基因实施由人工辅助的保护。迁地保护的目的只是为即将灭绝的物种找到一个暂时生存的空间，待其数量得到恢复、具备自然生存能力的时候，还是要让被保护物种重新回到生态系统中。

图 2-7 卧龙自然保护区

(三) 开展生物多样性保护的科学研究，建立基因库

目前，人们已经开始建立基因库，来实现保存物种的愿望。比如，为了保护作物的栽培种及其会灭绝的野生亲缘种，建立全球性的基因库网。现在大多数基因库贮藏着谷类、薯类和豆类等主要农作物的种子。

(四) 构建法律体系，运用法律手段

人们还必须运用法律手段，完善相关法律制度，来保护生物多样性。

(五) 开展宣传教育工作，保护生物多样性从我做起

保护生物多样性已不是政府或专家的事，而是需要社会各界人士积极参与。从小事做起，为保护生物多样性、保护我们的大自然作贡献。

第一，做个好学者。学习更多关于生物多样性的知识，把关于生物多样性的知识告诉家人、朋友、同事，让更多人关注目前物种多样性的现状。

第二，低碳生活。尽量骑自行车或者走路，且鼓励身边的人骑自行车；随手关掉电灯、漏水的水龙头；少用一次性用品，一双双一次性筷子背后是一棵棵倒下的大树，如果身边的朋友都和你一样少用一次性筷子，那么有可能你们挽救了一棵树的生命；少用一次性塑料袋，去超市购物不妨自带环保购物袋。

第三，不做污染环境的帮凶。不要把油漆或汽油等有毒的物质倒入排水沟。废弃电池含有汞，当它废弃在自然界里，外层金属锈蚀后，汞就会慢慢从电池中漏出来，进入土壤或在下雨

后进入地下水而造成污染。所以，当你要用电池的时候，尽量使用可再充电的电池，如果你必须用一次性的电池，记得把它们放在指定的回收箱中。

第四，爱护身边的花草树木和小动物。请不要走捷径踩踏草地，勇于挺身而出告诉他人不要践踏草地；不随意伤害蜘蛛、蚂蚁、螳螂等小动物；尽量避免使用杀虫剂，一些杀虫剂会毒害鸟类。

第五，珍爱稀有动物。联合抵制出自将要灭绝物种的产品，如象牙、麝香、海龟壳或藏羚羊羊毛等。

知识链接

《生物多样性公约》是一项保护地球生物资源的国际性公约，于 1992 年 6 月 1 日由联合国环境规划署发起的政府间谈判委员会第七次会议在内罗毕通过，1992 年 6 月 5 日，由缔约方在巴西里约热内卢举行的联合国环境与发展大会上签署。公约于 1993 年 12 月 29 日正式生效。常设秘书处设在加拿大的蒙特利尔。联合国《生物多样性公约》缔约方大会是全球履行该公约的最高决策机构，一切有关履行《生物多样性公约》的重大决定都要经过缔约方大会的通过。该公约是一项有法律约束力的公约，旨在保护濒临灭绝的植物和动物，最大限度地保护地球上的多种多样的生物资源，以造福于当代和子孙后代。公约规定，发达国家将以赠送或转让的方式向发展中国家提供新的补充资金以补偿它们为保护生物资源而日益增加的费用，应以更实惠的方式向发展中国家转让技术，从而为保护世界上的生物资源提供便利；缔约方应为本国境内的植物和野生动物编目造册，制订计划保护濒危的动植物；建立金融机构以帮助发展中国家实施清点和保护动植物的计划；使用另一个国家自然资源的国家要与那个国家分享研究成果、盈利和技术。截至 2018 年，该公约的缔约方有 193 个。中国于 1992 年 6 月 11 日签署该公约，1992 年 11 月 7 日获批准，1993 年 1 月 5 日交存加入书。

第 3 节　湿地保护及其意义

案例 2-4

进入初秋季节，济南济西湿地依然是一片翠绿，河道纵横，两边树木郁郁葱葱。济西湿地拥有大小岛屿 97 座，栖息了 140 余种鸟类，极具野趣。这里距离老城区不到 20 千米，承担着济南市饮用水源保护、防洪安全、生态涵养的重要任务，未来将是居民休闲娱乐的好去处。

问题： 1. 你去过湿地公园吗？有什么样的感受？

2. 结合案例与实际，谈谈你对于湿地作用的认识。

一、湿地生态系统简介

湿地生态系统是陆地与水域之间水陆相互作用形成的特殊的自然综合体。湿地包括了所有的陆地淡水生态系统，如河流、湖泊、沼泽，以及陆地和海洋过渡地带的滨海湿地生态系统，同时还包括了海洋边缘部分咸水、半咸水水域。全球湿地面积约有 570 万平方千米，约占地球陆地面积的 4%。湿地同陆地、海洋相比面积较小，但湿地生态系统支持了全部淡水生物群落和部分盐生生物群落，它兼有水域和陆地生态系统的特点，具有极其特殊的生态功能，是地球上最重要的生命支持系统，被誉为“淡水之源”“地球之肾”“气候调节器”和“生物基因库”。

国际上通常把森林、海洋和湿地并称为全球三大生态系统。

湿地生态系统通过物质循环、能量流动以及信息传递将陆地生态系统与水域生态系统联系起来，是自然界中陆地、水体和大气三者之间相互平衡的产物。湿地这种独特生态环境使它具有丰富的陆生与水生动植物资源，是世界上生物多样性最丰富、单位生产力最高的自然生态系统。湿地在调节径流、维持生物多样性、蓄洪防旱、控制污染等方面具有其他生态系统不可替代的作用。

水是生命存在不可缺少的要素，湿地是地球上淡水的主要蓄积地，人类生活用水、工业生产用水和农业灌溉用水除少量开采地下水外，大量来源于河流、湖泊、水库等地表水源，湿地也是地下水的主要来源。湿地由于其特殊的生态特性，在植物生长、积淤造陆等生态过程中积累了大量的无机碳和有机碳。湿地环境中，微生物活动弱，土壤吸引和释放二氧化碳十分缓慢，形成了富含有机质的湿地土壤和泥炭层，起到了固定碳的作用。

湿地是自然生态系统中自净能力最强的生态系统。湿地水流速度缓慢，有利于污染物沉降。在湿地中生长的植物、微生物和细菌等通过湿地生物地球化学过程的转换，包括物理过滤、生物吸收和化学合成与分解等，将生活和生产中的污染物和有毒物质吸收、分解或转化，使湿地水体得到净化。

二、湿地保护的重要意义

湿地是人类最重要的环境资本之一，也是自然界富有生物多样性和较高生产力的生态系统。它不但具有丰富的资源，还有巨大的环境调节功能和生态效益。各类湿地在提供水资源、调节气候、涵养水源，均化洪水、促淤造陆、降解污染物，保护生物多样性和为人类提供生产、生活资源方面发挥了重要作用。

（一）湿地的环保效益

湿地是生态环境的优化器。大面积的湿地，通过蒸腾作用能够产生大量水蒸气，不仅可以提高周围地区空气湿度，减少土壤水分丧失，还可诱发降雨，增加地表和地下水资源。据一些地方的调查，湿地周围的空气湿度比远离湿地地区的空气湿度要高 5%甚至 20%以上，降水量相对也多。因此，湿地有助于调节区域小气候，优化自然环境，对减少风沙干旱等自然灾害十分有利。湿地还可以通过水生植物的作用，以及化学、生物过程，吸收、固定、转化土壤和水中营养物质含量，降解有毒和污染物质，净化水体，消减环境污染。

（二）湿地的生态效益

1. 维持生物多样性　湿地的生物多样性占有非常重要的地位。依赖湿地生存、繁衍的野生动植物极为丰富，其中有许多是珍稀特有的物种，是生物多样性丰富的重要地区和濒危鸟类、迁徙候鸟以及其他野生动物的栖息繁殖地。在 40 多种国家一级保护的鸟类中，约有 1/2 生活在湿地中。中国是湿地生物多样性最丰富的国家之一，亚洲有 57 种处于濒危状态的鸟，在中国湿地已发现有 31 种；世界上有鹤类 15 种，中国湿地鹤类占 9 种。中国许多湿地是具有国际意义的珍稀水禽、鱼类的栖息地，天然的湿地环境为鸟类、鱼类提供丰富的食物和良好的生存繁衍空间，对物种保存和保护物种多样性发挥着重要作用。湿地是重要的遗传基因库，对维持野生物种种群的存续，筛选和改良具有商品意义的物种，均具有重要意义。中国科学家利用野生稻杂交培养的水稻新品种，具备高产、优质、抗病等特性，在提高粮食产量方面带来了巨大效益。

2. 调蓄洪水，防止自然灾害　湿地在控制洪水、调节水流方面功能十分显著。湿地在蓄水、调节河川径流、补给地下水和维持区域水平衡中发挥着重要作用，是蓄水防洪的天然“海绵”。我国降水的季节分配和年度分配不均匀，通过天然和人工湿地的调节，储存来自降雨、河流过多的水量，从而避免发生洪水灾害，保证工农业生产有稳定的水源供给。

3. 降解污染物。湿地具有很强的降解与转化污染物的能力，被誉为“地球之肾”。湿地主要的环保作用可以归纳为吸收水体营养物以及降解有机物。水体营养物多数来自于农业化肥以及工业废水污染，其中的氮、磷等物质在进入湿地之后，可以通过植物、微生物的吸收、沉降等作用而从水中排除，并可以将水中的重金属物质以及一些有毒物质一并消除。湿地的 pH 值都偏低，这有利于酸催化水解有机物。浅水湿地为污染物的降解提供了良好的环境。湿地的厌氧环境又为某些有机物的降解提供了可能，湿地植物还能够富集许多重金属，如芦苇能够净化铅、锰。

(三) 湿地的经济效益

1. 提供丰富的动植物产品　中国鱼产量和水稻产量都居世界第一位；湿地提供的莲、藕、菱、芡及浅海水域的一些鱼、虾、贝、藻类等是富有营养的食品；有些湿地动植物还可入药；有许多动植物还是发展轻工业的重要原材料，如芦苇就是重要的造纸原料；湿地动植物资源的利用还间接带动了加工业的发展；中国的农业、渔业、牧业和副业生产在相当程度上要依赖于湿地提供的自然资源。

2. 提供水资源　水是人类不可缺少的生态要素，湿地是人类发展工、农业生产用水和城市生活用水的主要来源。我国众多的沼泽、河流、湖泊和水库在输水、储水和供水方面发挥着巨大作用。

3. 提供矿物资源　湿地中有各种矿砂和盐类资源。中国的碱水湖和盐湖，分布相对集中，盐的种类齐全，储量极大。盐湖中，不仅赋存大量的食盐、芒硝、天然碱、石膏等普通盐类，而且还富集着硼、锂等多种稀有元素。中国一些重要油田，大都分布在湿地区域，湿地的地下油气资源开发利用，在国民经济中起到巨大作用。

4. 能源和水运　湿地能够提供多种能源，水电在中国电力供应中占有重要地位，水能理论蕴藏量占世界第一位，达 6.94 亿千瓦，有着巨大的开发潜力。我国沿海多河口港湾，蕴藏着巨大的潮汐能。从湿地中可直接采挖泥炭用于燃烧，湿地中的林草作为薪材，是湿地周边农村中重要的能源来源。湿地有着重要的水运价值，沿海沿江地区经济的快速发展，很大程度上是受惠于此。中国约有 12 万千米内河航道，内陆水运承担了大约 30%的货运量。

(四) 湿地的社会效益

1. 观光与旅游　湿地具有自然观光、旅游、娱乐等美学方面的功能，中国有许多重要的旅游风景区都分布在湿地区域。滨海的沙滩、海水是重要的旅游资源，还有不少湖泊因自然景色壮观秀丽而吸引人们前往，被开辟为旅游和疗养胜地。尤其是城市中的水体，在美化环境、调节气候、为居民提供休憩空间方面有着重要的社会效益。

2. 教育与科研价值　湿地生态系统、多样的动植物群落、濒危物种等，在科研中都有重要地位，它们为教育和科学研究提供了对象、材料和试验基地。一些湿地中保留着过去和现在的生物、地理等方面演化进程的信息，在研究环境演化、古地理方面有着重要价值。

知识链接

第二次全国湿地资源调查结果(2014 年 1 月 13 日)：全国湿地总面积 5360.26 万公顷。自然湿地面积 4667.47 万公顷；人工湿地面积 674.59 万公顷。自然湿地中，近海与海岸湿地面积 579.59 万公顷；河流湿地面积 1055.21 万公顷；湖泊湿地面积 859.38 万公顷；沼泽湿地面积 2173.29 万公顷。目前，我国指定国际重要湿地 46 块，建立 577 个湿地自然保护区和 468 个湿地公园，共有 2324.32 万公顷湿地得到了有效保护。

第 4 节　山东湿地保护的现状及湿地保护的基本方法

一、山东省湿地生态系统的现状与未来

(一)山东省湿地情况简介

山东省第二次湿地资源调查结果显示：全省湿地总面积 173.75 万公顷，占全省国土面积的比率(即湿地率)为 11.09%。其中自然湿地总面积 110.30 万公顷，占全省湿地总面积的 63.48%；人工湿地面积 63.45 万公顷，占全省湿地总面积的 36.52%。

从地域分布来看，东营、潍坊、烟台、滨州、济宁、青岛、威海 7 市湿地面积均超过 10 万公顷，7 市湿地面积占全省湿地面积的 82.58%，是山东省湿地集中分布区域。

截至 2017 年，全省已建立湿地类型自然保护区 23 处，湿地公园 200 多处，其中国家级 65 处，省级 126 处。全省湿地类型自然保护区、湿地公园数量和面积均位于全国前列，纳入保护体系的湿地面积 63.10 万公顷。黄河三角洲自然保护区被纳入国际重要湿地。微山湖国家湿地公园被评为“中国十大最美湿地”之一(图 2-8)。

图 2-8　山东省微山湖湿地公园景观

山东省湿地生物多样性极为丰富，湿地中有高等植物 111 科 389 属 684 种，其中国家Ⅰ级保护植物 3 种、国家Ⅱ级保护植物 12 种；高等脊椎动物 699 种，其中，国家Ⅰ级保护动物 12 种、

国家Ⅱ级保护动物55种。湿地中生活着全省44%的野生物种，是名副其实的"物种基因库"。

山东省湿地生态功能强大，一是全省湿地维持着230亿吨可利用淡水资源，保存了全省2/3以上的淡水资源，是淡水安全的生态保障。二是湿地净化水质功能十分显著，每公顷湿地每年可吸收固定1000多千克氮和130多千克磷，为降解污染物发挥了重要的生态功能。三是全省湿地储存了约10.8亿吨碳，占全省陆地生态系统碳储量的35%。研究表明，山东省湿地每年创造直接价值1592.7亿元，间接价值215.9亿元，平均每公顷湿地每年创造价值10.4万元。

（二）湿地面临的主要威胁

湿地是最脆弱、最容易遭到侵占和破坏的生态系统。总体看，按第一次湿地调查相同口径（单块湿地面积≥100 公顷、类型和范围相同）比较，山东省湿地面临着面积减少、功能有所减退、受威胁压力持续增大、保护能力不强等问题。近10年，全省自然湿地减少63.72万公顷，人工湿地增加了 44.20 万公顷，全省自然湿地和人工湿地增减相抵，湿地总面积减少19.50万公顷，减少率为10.93%（图2-9）。

图2-9　被破坏的湿地

总的来看，湿地仍然面临着以下五个方面的威胁：一是长期以来人们对湿地生态价值和社会效益认识不足，加上保护管理能力薄弱，一些地方仍在开垦、围垦和随意侵占湿地，特别是近两年一些地方出现了把湿地转为建设用地的错误倾向。二是生物资源过度利用，导致了重要的天然经济鱼类资源受到很大的破坏，严重影响着湿地的生态平衡，威胁着其他水生生物的安全。三是对湿地水资源的不合理利用，使得一些地区，湿地退化严重，一些水利工程的修建，挖沟排水，导致湿地水文发生变化，湿地不断萎缩甚至消失。四是大量使用化肥、农药、除草剂等化学产品，给湿地水体带来了严重的污染。五是由于大江/大河上游的森林砍伐影响了流域生态平衡，使河流中的泥沙含量增大，造成河床、湖底淤积，使得湿地面积不断减小，功能衰退。

（三）山东省湿地保护修复的措施

为建立系统完整的湿地保护修复制度，全面保护湿地，强化湿地利用监管，推进退化湿地修复，提升全社会湿地保护意识，2017年12月1日，山东省政府常务会议审议通过了《关于推进湿地保护修复的实施意见》（以下简称《意见》），设立了保护湿地的具体目标，为生态山东和美丽山东建设提供重要保障。

1. 到2020年，全省湿地面积不低于2600万亩[①]　结合山东省林业发展现状和发展潜力，山东确定了今后一个时期湿地保护修复的主要目标。总体目标是，到2020年，全省湿地面积保

注：① 1亩≈666.7平方米

有量不低于2600万亩，其中自然湿地面积不低于1655万亩，新增湿地面积20万亩，湿地保护率提高到70%以上。严格湿地用途监管，确保湿地面积不减少，增强湿地生态功能，维护湿地生物多样性，全面提升湿地保护与修复水平。

2. 建立湿地分级体系 2018年年底前设市、县(市、区)公布湿地保护名录 根据生态区位、生态系统功能和生物多样性，全省湿地将被划分为国家重要湿地(含国际重要湿地)、省重要湿地、设区的市重要湿地、县(市、区)重要湿地和一般湿地，列入不同级别湿地名录，分级分类管理。2018年年底前各设区的市县(市、区)要公布湿地保护名录对国家和省重要湿地区，或生态敏感和脆弱地区，要通过划定保护区域限制开发，通过建立湿地自然保护区、湿地保护小区、湿地公园、水产种质资源保护区、海洋特别保护区等方式加强保护。在国家和省、设区的市、县(市、区)重要湿地探索设立湿地管护公益岗位。建立完善县、乡、村三级管护联动网络，创新湿地保护管理形式。

3. 2020年，重要水功能区水质达标率提高到80%以上 《意见》指出，山东还制定了湿地生态状况评定标准，从影响湿地生态系统健康的水量、水质、土壤、野生动植物等方面完善评价指标体系。到2020年，重要水功能区水质达标率提高到80%以上，海域自然岸线保有率不低于35%，水鸟种类不低于160种，全省湿地野生动植物种群数量不减少。2020年年底前，省林业主管部门制定湿地生态健康状况评定标准、湿地鸟类监测技术规范。

4. 实施负面清单管理，禁止擅自征收、占用重要湿地 山东实施负面清单管理。禁止擅自征收、占用国家和省、设区的市、县(市、区)重要湿地，在保护的前提下合理利用一般湿地，禁止侵占自然湿地等水源涵养空间，已侵占的要限期予以恢复，禁止开(围)垦、填埋、排干湿地，禁止永久性截断湿地水源，禁止向湿地超标排放污染物，禁止对湿地野生动物栖息地和鱼类洄游通道造成破坏，禁止破坏湿地及其生态功能的其他活动。

根据《意见》，山东还将充分利用湿地资源丰富的特点，科学有序推进湿地生态旅游，探索湿地合理利用，推进湿地对工业污水、生活污水净化处理示范区建设。合理设立湿地相关资源利用的强度和时限，避免对湿地生态要素、生态过程、生态服务功能等方面造成破坏等。

5. 利用约谈和预警机制严厉查处违法利用湿地 湿地保护管理相关部门对湿地破坏严重的地区或有关部门进行约谈，探索建立湿地利用约谈和预警机制。严厉查处违法利用湿地的行为，造成湿地生态系统破坏的，由湿地保护管理相关部门责令限期恢复原状，情节严重或逾期未恢复原状的，依法给予相应处罚，涉嫌犯罪的，移送司法机关严肃处理。探索建立相对集中行政处罚权的执法机制。对向湿地区域排污及建设项目占用湿地等行为，要严格实行环境影响评价制度和审批制度。

二、保护湿地，从现在开始

湿地生态系统极为脆弱，容易受到自然因素和人为活动的破坏，而且一旦破坏在短时间内很难恢复。因此，湿地保护刻不容缓。

(一)法治手段

法律是最有力最强制的措施，湿地治理应做到有法可依。为了防止我国湿地生态环境继续恶化，保护好现存的自然湿地。2013年国家林业局公布《湿地保护管理规定》。2018年11月

30日山东省第十三届人民代表大会修订了《山东省环境保护条例》。

（二）行政手段

制定有关行政部门的湿地保护政策，在湿地生态管理中要建立和完善科学的湿地监控和功能评价体系，对已有的湿地进行长年的追踪测定和调控，并通过引导逐步对已经围垦的湿地实行退田还湿。2017年4月，国家林业局、国家发展改革委、财政部等相关部门编制了《全国湿地保护“十三五”实施规划》。

（三）技术手段

科学技术是第一生产力。学习、开发先进的湿地污染治理技术，做到高效治理、低成本治理。开发湿地的景观价值和生态价值，贯彻执行湿地生态系统可持续性研究，运用可持续性发展的理论来解决湿地结构可持续性、功能可持续性等方面的科学问题。

（四）湿地污染要防治、治理统筹兼顾

湿地管理要贯彻执行预防为主、防治结合、综合治理的原则。湿地污染主要来自工农业的生产和城市居民生活中的污水和废弃物的排放，要严格加强对城市排污场所的管理。严禁在湿地附近进行大型农业生产、建设重污染工业园，已建的工业基地要强行迁走。对已经退化的湿地，则通过一些工程和非工程措施对退化或者消失的城市湿地进行修复或者重建，逐步恢复湿地受干扰前的结构、功能及相关的物理、化学和生物特性，最终达到城市湿地生态系统的自我维持状态。

（五）宣传教育方面

实施湿地保护教育，普及湿地知识，树立全民环保意识，充分利用媒体和网络加强宣传教育，提高全民素质，让更多群众参与到湿地保护中来。

小　结

生态系统是指在自然界的一定的空间内，生物群落与它的无机环境相互作用构成的统一整体，食物链和食物网是生态系统的营养结构。生态系统具有能量流动、物质循环和信息传递的功能，生态系统一旦失去平衡，会发生非常严重的连锁性后果，所以我们应遵循自然规律，保护生态平衡。生物多样性具有直接使用价值、间接使用价值和潜在使用价值，我们应采取措施，保护生物多样性。湿地是“淡水之源”“地球之肾”，在调节径流、维持生物多样性、蓄洪防旱、控制污染等方面具有其他生态系统不可替代的作用，湿地保护具有极其重要的意义，我们一定要采取各种措施，保护修复湿地生态系统。

1. 什么是生态系统？生态系统的组成与功能分别是什么？
2. 结合实际谈谈生态失衡的危害。
3. 什么是生物多样性？保护生物多样性有什么意义？

4. 怎样保护生物多样性？你能为保护生物多样性做什么？
5. 保护湿地有什么重要意义？
6. 怎样保护湿地？

实践活动

学校周边生物种类调查

我们身边有许许多多的生物，它们与我们朝夕相处、息息相关，为我们的生活增光添彩。你曾留意过它们吗？又有多了解它们呢？今天，就让我们和老师一起调查校园里和学校周边的生物吧！

【调查目的】

1. 了解学校及周围环境中的生物，记录所看到的生物和它们的生活环境。
2. 熟悉实践调查的基本流程和方法。
3. 掌握调查报告的书写规范。

【调查准备】

调查表、笔、放大镜、望远镜、夹子、手套等。

【调查步骤】

1. 设计调查表：设计合理的调查表。
2. 分组：以6～8人为一组，确定一个人为组长。
3. 选择合适的路线，禁止私自外出。若去校外活动，一定要注意安全。

【注意事项】

教师结合学校及周围环境情况进行填写

[自我评价与感想]

调查表设计(参考)

调查人		班级		组别	
调查地点		调查时间		天气情况	
同组成员					
生物名称	种类	数量	生长环境与状况		

第3章 自然资源现状、利用与保护

地球孕育了人类，人类也在不断地改造着地球。人类的发展史，归根结底是人类艰苦奋斗的创业史。在创业过程中，人们利用各种自然资源赖以生存发展，同时也给它们带来了不同程度的破坏。“资源短缺”已成为全世界共同关注的问题。如果现在不考虑对策，总有一天能源会被用尽，人类无法继续生存。

第1节 自然资源的概念、属性及分类

案例 3-1

1980年投产的焦家金矿，现日处理矿量1500吨、年产黄金6万两，已累计交售黄金30多吨，实现利税6亿多元，产品质量达到上海黄金交易所规定的标准，金银产品纯度在99.99%以上，是上海黄金交易所首批认证的“可提供标准金精炼企业”之一。除此之外，还有很多的铁矿矿山、湿地公园，这都包含着大自然给予我们的馈赠，即自然资源。但这份馈赠却不是无限的。

问题： 1. 你能说出你平时接触到的一些自然资源吗？

2. 哪些资源需要珍惜和节约，哪些资源需要保护和培育？

一、自然资源的概念

自然资源是指可以被人类利用的各种天然存在的(不包括人类加工制造的原材料)自然物，如土地、矿藏、水利、生物、气候、海洋等资源，是生产的原料来源和布局场所。联合国环境规划署对于自然资源的定义为：在一定的时间和条件下，能够产生经济价值，提高人类当前和未来福利的自然环境因素的总称。

二、自然资源的属性

自然环境中与人类社会发展有关的、能被利用来产生使用价值并影响劳动生产率的自然诸要素，通常称为自然资源，可分为有形自然资源(如土地、水体、动植物、矿产等)和无形自然资源(如光资源、热资源等)。自然资源具有可用性、整体性、变化性、空间分布不均匀性和区域性等特点，是人类生存和发展的物质基础和社会物质财富的源泉，是可持续发展的重要依据

之一。自然资源包括生物资源、农业资源、森林资源、国土资源、矿产资源、海洋资源、气候气象资源、水资源等。

知识链接

张家界国家森林公园位于湖南省武陵山脉的张家界市，距市区32千米，东连索溪峪，北邻天子山，面积130平方千米，是中国第一个国家级森林公园。它属亚热带季风湿润气候区，森林覆盖率达95%左右，有成片的原始次生林，保存了不少珍稀树种，如珙桐、银杏、红豆杉等，珍稀动物有背水鸡、红嘴相思鸟、麝、猕猴等，还有花草及中草药等资源，被誉为生物科学研究和教育的天然实验室与自然博物馆。目前它已被联合国教科文组织世界遗产委员会列入《世界遗产名录》。

三、自然资源的分类

(一)按照自然资源的赋存条件及其特征分类

可分为四大类：

1. 地表资源，赋存于生物圈中，也可称为生物圈资源，包括由地貌、土壤和植被等因素构成的土地资源，由地表水、地下水构成的水资源，由各类动物和植物构成的生物资源以及由光、热、水等因素构成的气候资源等。

2. 地下资源，赋存于地壳之中，也可称之为地壳资源，主要包括矿产和能源等。

3. 气候资源，气候资源是一种宝贵的自然资源，可以为人类的物质财富生产过程提供原材料和能源，包括太阳辐射、热量、水分、空气，风能等，是一种可利用的可再生资源。

4. 太空资源，太空资源泛指太空中客观存在的、可供人类开发利用的环境和物质。其中主要包括相对于地面的高远位置资源、高真空和超洁净环境资源、微重力环境资源、太阳能资源、月球资源、行星资源等。

(二)按照自然资源的再生性质及再生能力分类

可将自然资源(图3-1)分为两类：可再生资源和不可再生资源。

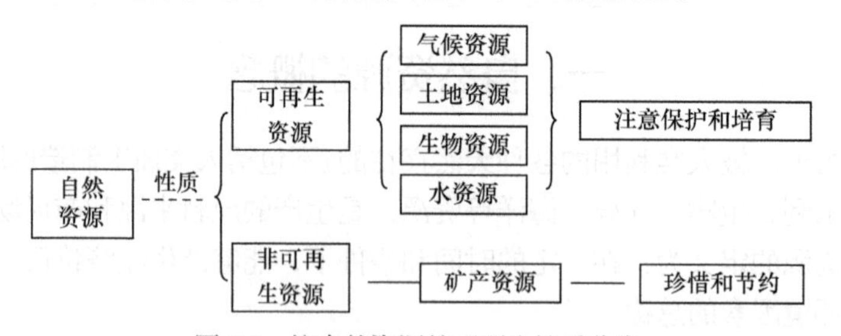

图3-1 按自然资源的可再生性质分类

1. 可再生资源 可再生资源又称可更新资源，可再生资源是通过自然变化或人工经营可以不断形成，并被人类反复利用的自然资源，如生物资源、土地资源、气候资源等。生物资源包括植物资源与动物资源，它可以不断生长，不断更新。这些资源的更新率取决于自然环境和其自身繁殖能力的大小。可再生资源的本质特征是可以不断形成，但可多次利用的资源不一定就是可再生资源，我们在利用可再生资源时，一定要科学估计到它的再生能力。如果利用的程度超过了它的再生能力，破坏了生态平衡和生态循环的规律，那就会破坏了这部分自然资源的再生能力，甚至使这部分自然资源在地球上消失。

2. 不可再生资源　不可再生资源又称非可再生资源，是指不可能再形成或者相对于人类发展而言实质上是不可能再形成的自然资源。如矿藏的形成需要十几亿年的时间，石油是两三亿年前形成的，矿物资源对于地球来说也许是可以再生的，但对于人类来说，却是不可再生的。即使它们可以再度形成，对人类而言，也是不可等待的，所以矿藏和矿物燃料都是不可再生资源。

(三)按照自然资源的物理特性以及在国土开发利用中的自然属性分类

按照自然资源的物理特性以及在国土开发利用中的自然属性可以把自然资源划分为生物资源、农业资源、森林资源、国土资源、矿产资源、海洋资源、气候气象资源、水资源等，这是常用的分类方法。

第 2 节　我国自然资源的现状及特点

案例 3-2

2018 年我国森林面积 2.0800 亿公顷，森林覆盖率为 21.63%，占世界第五位，但是人均森林占有量仅占世界人均占有量的 21.34%。

问题： 1. 我国自然资源现状是什么？

2. 怎样理解我国“地大物博，资源丰富”与自然资源不足的矛盾？

我国自然资源的总体特征为“地大物博，人口众多，地区差异大”。我国自然资源具有两重性，既有优势也有劣势，从资源总量和种类来看，中国是一个资源大国；从人均资源来看，中国是一个资源小国。因此客观地看待我国自然资源的现状(表 3-1)，就要从资源总量、资源质量、资源人均值、资源结构的特点来分析。

表 3-1　我国资源总体状况

	总量(亿单位)	中国人均	世界人均	占世界平均水平(%)
水资源/立方米	27957.8600	2054.64	7337.99	28.00
森林面积/公顷	2.0800	0.15	0.70	21.34
耕地面积/公顷	1.23	0.09	0.32	31.03
草原面积/公顷	3.9283	0.29	0.64	45.11
石油储量/吨	33.6732	2.47	19.57	12.64
煤炭储量/吨	2362.9000	173.65	228.29	76.07

一、我国自然资源的总体特征

(一)自然资源总量大

我国幅员辽阔，资源总量大，是世界上 7 个资源大国之一(俄罗斯、巴西、美国、澳大利亚、加拿大和印度）。我国从宏观来看各类自然资源的绝对数量居于世界前列。我国陆地面积960万平方千米，占世界陆地面积的6.7%，仅次于俄罗斯和加拿大，居世界第三位；耕地实际面积约1.23亿公顷，占世界耕地总面积的9%，仅次于俄罗斯、美国、印度，居世界第四位；森林面积约2.14亿公顷，居世界第五位；草地资源约4亿公顷，居世界第六位；地表水资源约2.6万亿立方米，居世界第六位。目前，中国已发现矿产171种，其中有探明储量的159种、矿产地2万多处，矿产资源总量约占世界的12%，仅次于美国和俄罗斯，居世界第三位，其中铅锌、钨、锡、锑、稀土、菱镁矿、石膏、石墨、重晶石等储量居世界第一位。

知识链接

2015年山东省矿产资源种类多，储量大，质量优，分布广泛。全省已发现各类矿产147种，占全国已发现矿产种类的78%。在已探明储量的85种矿产中，有30多种储量居全国前10位。其中，居第一位的有黄金（占全国总产量1/6以上）、自然硫（占全国储量90%以上）、石膏（占全国储量70%）；居第二位的有石油、金刚石（储量占全国40%，产量占80%）、菱镁矿、钴、铪、花岗石；居第三位的有钾盐、石墨、滑石、膨润土、石灰岩等。另外，煤、天然气、铁、重晶石、硅藻土、锆石英、铝土矿、轻稀土、耐火黏土、珍珠岩、沸石、油页岩、石英砂、云母、长石、磷、硫铁矿、石棉、镓等储量都非常丰富。

（二）自然资源类型齐全

我国地处中低纬度地区，地域辽阔，地形多样，气候复杂，形成多种多样的可更新自然资源，我国生物多样性居世界前列。我国是世界上植物种类最丰富的国家之一，所有种类仅次于马来西亚和巴西。我国山地平川农林互补，江湖海洋散布环集，形成各种类型的农业资源，总体上呈现出以农业为主，农林牧渔各业并举的格局。在工业资源方面，轻纺、能源、冶金、化工、建材都有广泛的资源基础。重要的矿产资源如煤炭、石油、天然气等矿产资源，铁、镍等黑色金属矿产资源，铜、铅、锌、铝等有色金属矿产资源以及稀土、稀有金属矿产资源、化工资源、建材资源等样样齐全，是世界上少数几个矿种配套较为齐全的国家之一。

（三）人均自然资源少

我国虽然是个资源大国，但是由于庞大的人口基数，人均资源在世界上并不具优势，水、耕地、森林、石油等多项资源的人均值皆居世界后列，明显低于世界平均水平。

（四）呆滞资源多，低质资源比重大

我国资源质量不高。这种现象在耕地、天然草地和一部分矿产资源方面尤为突出。在地表资源方面，我国耕地质量不算好，有水源保障和灌溉设施的耕地只占40%，中低产田占我国耕地总面积的三分之二，其中大部分属于风沙干旱、盐碱、涝洼、红壤等地。在全部耕地中，单位面积产量可相差几倍到几十倍。草地资源质量较差，多分布在半干旱、干旱地区与山区，高、中、低产面积基本上各占三分之一，草地资源有27%属气候干旱、植被稀疏型。森林中有15亿立方米木材为病腐、风倒、枯损，或是分布于江河上游，或是处于深山峡谷地带。

地下矿产资源方面有不少分布在地理地质条件极其恶劣的环境中，很难保证生产、生活的基本条件，其中煤炭资源近期不能利用的占40%以上，铁矿中长期不能利用的占35%，铜矿占

40%。铂矿有 93.5%分布在甘肃以及云南、四川的边远地区，铬铁矿资源少，在能源中，优质石油、天然气只占探明能源储量的 28%；海洋资源中有的存在历史遗留问题，渔业和石油勘探难于进行，实际上成了呆滞资源。

二、我国开发利用自然资源的现状及存在的问题

1949 年以来，我国依靠丰富的自然资源建立起了完善的国民经济体系，经济社会持续快速健康发展。但是应该看到，我国经济的高速发展是以大量消耗自然资源为基础的，资源的消耗速度远远快于国民经济的增长速度，自然资源的开发利用的状况令人堪忧，这其中既有自然资源结构差、质量低等客观原因，又受到管理水平、技术水平的限制，还有人为破坏的因素。

(一) 资源分布的空间差异大，利用配置不甚合理

由于生物、气候、地理、地质差异作用的复合影响，我国资源的空间分布存在着巨大的差异。我国自然资源东西部差别极其显著，我国耕地资源、森林资源、水资源 90%以上集中分布在由大兴安岭至青藏高原东缘一线以东，而能源、矿产为主的地下资源和天然草地相对集中于西部，矿产资源的基本分布由西部高原到东部的山地丘陵地带逐步减少；而我国重工业大部分在沿海地区，特别是中部、北部沿海地带。沿海地区这一大经济带中除了农业资源比较丰富外，其他资源特别是能源、原材料严重不足。我国资源组合南北差异也比较大，长江以北耕地多、水资源少，耕地资源占全国耕地面积的 63.9%，水资源则仅占全国水资源量的 17.2%，其中，粮食增长潜力最大的黄淮海流域的耕地面积占全国的 42.0%，而水资源却不到 6.0%。长江以南则相反，耕地面积少但水资源充沛，耕地占全国耕地的 36.1%，而水资源占全国水资源的 82.8%。长江以北煤炭储量占全国的 75.2%、石油占全国的 84.2%，而长江以南则缺能严重。

知识链接

山东省分属于黄河、淮河、海河三大流域。根据山东 1956～1999 年的实测资料分析，全省多年平均年降水量为 676.5 毫米，多年平均水资源总量为 305.82 亿立方米，其中河川径流量(地表水资源量)为 222.9 亿立方米，地下水资源量为 152.57 亿立方米，地表水、地下水重复计算量 69.65 亿立方米。黄河水是山东主要可以利用的客水资源，每年进入山东省水量(黄河高村站 1951～2001 年资料)为 376.1 亿立方米，按国务院办公厅批复的黄河分水方案，一般来水年份山东省可引用黄河水 70 亿立方米。水资源总量不足，人均、亩均占有量少，水资源地区分布不均匀，年际年内变化剧烈，地表水和地下水联系密切等是山东省水资源的主要特点。全省水资源总量仅占全国水资源总量的 1.09%，人均水资源占有量 344 立方米，仅为全国人均占有量的 14.7%(小于 1/6)，为世界人均占有量的 4.0%(1/25)，位居全国各省(自治区、直辖市)倒数第四位。

(二) 资源利用效率低，浪费严重

我国共生伴生矿产资源综合利用率仅为 20%，矿产资源总回收率只有 30%，较世界平均水平分别低 30%和 20%。据测算，如果我国金属矿山回收率提高 10%，就会节约几千万吨的矿石量，相当于新建十几座大型矿山。我国在用地规模迅速扩大的同时，造成大量土地的闲置，浪费了宝贵的耕地资源。我国水资源十分紧张，但是工业用水单耗高，循环用水率低，我国工业

用水每年约500亿立方米，国民经济中的一些主要工业产品的耗水量，长期以来超出国外同类产品耗水量的几倍、十几倍甚至几十倍，加上我国水资源污染严重，又有大量水资源被浪费掉，多数工业技术装备落后，管理水平又低，造成了资源浪费。我国生产1美元产值所消耗的能源是印度的2.30倍，韩国的2.10倍，日本的5.00倍，法国的4.74倍；每生产1美元产值所消耗的钢材是韩国的3.40倍，日本的2.32倍，法国的3.71倍、美国的2.50倍。

（三）开发投入不够，后备资源不足

我国资源不仅人均数量少，而且后备资源不足。我国后备宜农荒地毛面积0.33亿多公顷，其中可作为种植粮、棉、油的耕作业用地仅约0.13亿多公顷，如果全部开垦，净面积按开垦系数0.5计算只有约6.7万平方千米。矿产资源除煤、稀土、非金属建材外，石油、铁矿石、钾盐等重要资源不仅后备资源不足，而且勘探程度较低，铜、金等矿产探明储量只及资源的1/4～1/5，就是蕴藏量丰富的煤炭资源的探明储量也只及资源量的2%。

资金投入不足是造成后备资源不足的一个重要原因。以矿产资源开发为例，在找矿难度加大、每万元投资的探明储量大幅度下降的条件下，资金投入减少致使主要矿产的后备储量增长缓慢，矿产资源储采比一直呈下降趋势。一些矿产增加的储量甚至不足以弥补开采量，从而出现了储量的负增长。新建矿山资金不足，老矿山面临矿产资源即将采光闭坑的形势。当然，由于我国低质资源的比重较大，开发的成本也相应较高，有些矿产资源开发的资金投入要高于世界平均水平的7～8倍。技术投入不足是造成我国后备资源不足的另一个重要原因。长期以来，我国在自然资源开发和利用的关系问题上是重利用、轻开发，在技术水平落后的情况下粗放型、掠夺式地利用资源，特别是在废物利用、变废为宝、循环利用方面的技术投入不够，造成了有限资源的浪费。另外，我国在新材料、新能源方面的技术投入也不够，开发力度不大。例如，我国的海洋蕴藏着丰富的资源，目前被发现的主要油田75%以上是海洋油田；我国的太阳能、潮汐能、风能等这些恒定性资源也很丰富，但由于技术条件跟不上，开发利用水平还很低，如将海水蒸馏淡化变为淡水，每吨淡水要耗电13～14度[①]，在技术上还不能保证具有开发应用价值。

（四）资源破坏现象严重，资源再生能力弱

只顾当前利益的短视行为是我国资源和环境状况恶化的最主要因素之一。人们为解决人均耕地不断减少所带来的食物不足问题，一方面采取扩大耕地面积的措施，如毁草毁林开荒等，将大片草原和森林开垦为耕地。这种做法虽然在近期内对缓解粮食供给不足的问题起到了一定作用，但由于破坏了生态平衡，引起了土地沙化、水土流失、气候异常等严重的生态失调问题，从发展和长远的角度看是弊大于利、得不偿失。另一方面，依靠增加化肥和农药用量，以尽可能地提高单位面积产量。但这又不可避免地导致了土地肥力衰减和环境污染加剧的问题，不仅影响到农业生产的持续发展，而且也成为影响资源质量和再生能力的不利因素之一。人为过度砍伐森林和过度开采矿石造成严重浪费。

管理工作滞后，缺乏严格、有效的资源保护措施也是导致资源破坏现象严重的原因之一。长期以来，资源保护和开发利用的法律法规不健全、不完善，很多地方、很多时候，也是有法不依、执法不严，致使毁林开荒、过度放牧、滥捕滥杀野生动物等现象屡禁不止，严重地破坏

---

① 1度=1 kW·h

了生态环境，扼杀了自然资源的再生能力。无许可证非法开采资源、乱伐林木的现象仍然较为普遍，引发产权纠纷、经营纠纷不断，甚至造成恶性事故和案件的频繁发生；流通领域也存在无序竞争现象，一些传统的比较有优势的资源产品多途径出口、竞相减价外销，导致国有资产的损失。

三、我国日益严峻的资源短缺形势

总体来说，我国在一些重要的自然资源可持续利用方面面临着严峻的挑战。这种挑战主要表现在两个方面，一个方面是人均占有量持续下降，人均淡水、耕地、森林、草地和矿产资源等均是如此；另一个方面是我国人口的增长和经济发展处于相对高速增长阶段，由于自然资源存量下降，资源供应不足将成为我国经济高速增长的制约因素。

(一)水资源日趋紧缺

中国是世界上 13 个贫水国之一，预计到 2030 年，我国人口将达到 15 亿，届时我国人均占有水量为 1700 立方米。也就是说，从长期趋势看，我国总体上属于严重缺水的国家，目前，我国干旱缺水的地区涉及 20 多个省区市(其中 18 个省区市接近或处于严重缺水边缘，有 10 个省区市在起码的要求线以下)。农业缺水和城市缺水是我国缺水的两大主要表现。由于我国是农业大国，农业用水占全国用水总量的绝大部分。目前全国近一半的耕地得不到灌溉，农业每年因灌溉水不足而减产粮食 2000 万吨以上。另外，我国至少有 6000 多万农村人口饮水困难，城市是人口密集和工业、商业活动频繁的地区，城市缺水在中国表现得越来越尖锐。

(二)土地资源状况堪忧

土地是农业发展所依赖的主要资源。我国仍有约 70%的人口在农村，土地资源对于我国的可持续发展具有特别重要的意义。由于土地资源使用的不合理或浪费，造成总量减少、资源退化、水土流失严重等问题。近年来，在我国的工业化、城市化过程中，工业建设占地规模不断扩大，包括交通、能源、水利、原材料等产业基础设施用地数量也快速增加。另一方面，人口在不断增加，致使我国目前人均耕地按统计数据仅为 993 平方米，大大低于世界平均水平(3200 平方米)。我国人均耕地不足 666.7 平方米的有三个直辖市和南方四个省，全国已有 666 个县人均耕地低于联合国粮农组织确定的 533 平方米的警戒线,其中有 463 个县低于 333.3 平方米。另外，我国土地荒漠化急剧发展，由于人为活动强度加大，沙漠化仍有扩大趋势。受荒漠化的影响，我国干旱半干旱地区 40%的耕地不同程度的退化。

(三)生物多样性减少

虽然我国具有丰富的物种多样性，但由于人口的快速增长和经济的高度发展，增大了对资源及环境的需求，这种极大的压力致使许多动物和植物濒临灭绝。据近年来的初步统计，我国大约有 398 种脊椎动物濒危，占我国脊椎动物总数的 7.7%；有 1009 科高等植物濒危，占全国高等植物种数的 3.4%。导致我国物种濒危的原因主要有森林砍伐、荒地开垦、草原过牧、捕猎及捕捞过度等。此外，兴修大型水利工程破坏水生生物的栖息环境和洄游通道，过度采挖野生经济植物，环境污染等，也是造成生物多样性受威胁的重要原因。由于各农业区的生态环境遭到不同程度的破坏，我国栽培植物遗传资源正面临严重威胁。例如，1964年在云南省景洪县(现属景洪市)发现两种野生稻24处，因开垦农田和种植橡胶，至20世纪80年代末只剩下一处，黄河三角洲和三江平原过去遍地长满野生大豆，现在只在少数地区有零星分布，由于推广优良品种，许多古老的名贵品种正被遗忘甚至绝迹。动物遗传资源所受到的威胁也不容忽视，我国的一些优良畜禽品种如九斤黄鸡、定县猪已经灭绝，北京油鸡数量剧减，我国特有的海南岛峰牛、上海荡脚牛也所剩无几。

知识链接

山东省生物资源种类多、数量大。2018年省地方志办公室统计，境内有各种植物3100余种，其中野生经济植物645种。树木600多种，分属74种209属，以北温带针、阔叶树种为主。各种果树90种，分属16科34属，其中烟台苹果、莱阳梨、肥城桃、乐陵金丝小枣、枣庄石榴、大泽山葡萄以及章丘大葱、莱芜生姜、潍坊萝卜等都是山东省久负盛名的特产，山东省因此被称为“北方落叶果树的王国”。中药材800多种，其中植物类700多种。山东省是全国粮食作物和经济作物重点产区，素有“粮棉油之库，水果水产之乡”之称。小麦、玉米、地瓜、大豆、谷子、高粱、棉花、花生、烤烟、麻类产量都很大，在全国占有重要地位。陆栖野生脊椎动物500种。其中兽类73种，鸟类406种(含亚种)，两栖类10种，爬行类28种。陆栖无脊椎动物特别是昆虫，种类繁多，居全国同类物种之首。在山东省境内的动物中，属国家一、二类保护的珍稀动物有71种，其中国家一类保护动物有16种。

(四)矿产资源的供给前景不容乐观

由于矿产资源的消耗量过大，消耗速度过快，矿产资源的供给已难以支撑经济发展的需要。一批大中型矿山进入开采的中晚期，生产能力大量消失，开采难度加大，生产成本增加，资源近于枯竭。如无新矿替代，矿产品的供需矛盾将进一步突出。

根据国家发改委和国土资源部开展的新一轮45种主要矿产可采储量对国民经济建设的保证程度分析，我国已探明的45种主要矿产资源到2020年可以满足需求的仅为6种，石油、钾盐、铁、锰、铬铁、铜矿等大宗紧缺矿产长期短缺已成定局，铁矿、锰矿、铬矿的进口量逐年上升，铜、铝、铅、锌、锡等有色金属也早就开始进口，近几年，矿产品进出口的逆差都在30亿美元以上。

(五)资源开发的环境恶化

我国资源开发的强度越来越大，所引起的生态环境问题长期积累，至今环境污染已迅速蔓延，自然生态已日趋恶化。部分地区土地长期集约经营，重用轻养，不适当地使用化肥和农药，造成土壤板结和污染，土地肥力下降。城市工业高速增长，乡镇企业大发展，相当程度上是以资源和环境为代价。全国每年流失表土50亿吨左右，带走氮、磷、钾约4000多万吨，相当于我国化肥的全年总产量。

森林面积减少，目前覆盖率仅13.92%。草原退化面积达5133.3万公顷，估计主要牧业省区可利用草原单位面积牧草产量，21世纪初比20世纪80年代末下降30%。1999年初，我国政府明令禁止砍伐天然林，并且要求在原来不应开垦的地区大规模实施退耕还林、退耕还草政策，但在此之前，我国每年有40多万公顷林地逆转为非林地。

第 3 节 资源合理利用与保护

一、水资源利用与保护

目前，水资源紧缺和水域污染已成为我国经济与社会发展的制约因素，随着人口的增长和社会经济的发展，水资源紧缺这一现象将持续发展。要缓解和解决我国水资源紧缺问题，必须深刻全面地认识我国水资源的特点及问题实质，必须开源与节流并重、合理利用和有效保护相结合。为此需要从政策、技术、管理等方面全方位、全民众的共同努力。

(一)合理用水、节约用水，提高水的利用效率

积极提高水的利用效率，这是目前解决水资源紧缺的重要途径，也是我国的一项长期战略。

1. 降低工业用水量，提高水的重复利用率　降低工业用水量，提高水的重复利用率是解决工业用水困难的有效手段，同时还有一个显著的效益是减少废水排放量，从而也减轻了工业污染和降低了生产成本。如炼钢厂用氧气转炉代替老式平炉，不但提高了钢的质量，而且降低用水量 86%～90%。近年来，我国对水的重复利用已逐步开展。在一些水源特别紧张的城市，水的重复利用率已达到较高水平，如大连为 79.5%、青岛为 77.3%、太原为 87.8%，但总体上水平还很低。如果全国工业用水的平均重复利用率能在现有基础上提高 20%，略低于发达国家水平，则每天就可节水 1300 万吨，相应节省供水工程投资 26 亿元，节水量和经济效益都相当可观。

2. 实行科学灌溉，减少农业用水　世界用水的 70%为农业灌溉用水，我国则超过 80%。改革灌溉方法是提高水利用效率的最大潜力所在。据统计，农业灌溉用水量只有 37%用于作物生长，其余 63%都被浪费，据国际灌溉排水委员会的统计，灌溉水渗漏损失量一般为 15%～30%，而我国渗漏损失一般为 40%～50%，高者可达 70%～80%，估计全国渠道渗漏的水量可达 1700 多亿立方米。目前应用较多的灌溉方式有漫灌、渗灌、喷灌和滴灌 4 种，如果实施节水灌溉，即用喷灌或滴灌代替目前普遍使用的大水漫灌，则农业用水的有效利用率可增加 3～4 倍，目前我国灌溉用水的利用率仅为 30%～40%，如把利用率提高到 50%，则每年就可节约用水 300 亿立方米，相当于花数千亿元兴建上百座大型水库。

3. 节约生活用水　随着城市化和人民生活水平提高，生活用水量将大幅度上升，节约生活用水也将提到议事日程。节约生活用水除了可以完善输水管网系统和安装水表、提高水价等管理手段外，从生活用品设计入手，如设计节水高效的卫生设备、洗衣设备等。实际上，合理用水和节水是一项高度社会化和技术化的工作，需要各方面的共同努力。

(二)保护水源，进行水污染防治

按流域、水系或区域实行水资源利用的综合规划和水污染治理是提高水资源利用率和防治水污染的有效战略。让江河湖泊休养生息，就是给水环境必要的时间空间，充分发挥水生态系统的自我修复、自我更新功能，使水生态系统由“失衡”走向平衡，进入良性循环，实现人水和谐发展。保护水源始终是水污染防治的基本立足点。发达国家从长期的水污染治理中认识到普及城市下水道，大规模兴建城市污水处理厂和普遍采用二级以上的污水处理技术，是水系保

护的重要措施。在农业生产中，改进施肥方式和合理使用农药，提倡科学种田，同样也是水污染防治的重要环节。

二、矿产资源利用与保护

案例 3-3

浙江湖州的石灰岩品质优良，是长三角建筑石料的主要供应地。2005 年前经年累月的开采，让这片曾经的“江南清丽地”淤泥沉积，部分河床在 35 年内抬高了 2 米。昔日“桃花流水鳜鱼肥”的东苕溪，部分断面“比黄河水还要浑浊”。

问题：自然资源的过分开采会给人类带来什么后果？

从实施可持续发展战略和环境保护的要求出发，矿产资源保护具有广泛的含意。一是合理开发利用矿产资源、优化资源配置、实现矿产资源的最优耗竭；二是限制或禁止不合理的乱采滥挖，防止矿产资源的损失、浪费和破坏；三是对矿产资源的开发利用进行全过程控制，将环境代价减少到最低限度；四是保护矿区生态环境、防止矿山寿命终结时矿区沦为荒芜不毛之地。矿产是社会发展的重要物质基础，故矿产资源的保护对于人类可持续发展非常重要。

三、土地资源利用与保护

我国现有 13.8 亿多人口，2020～2030 年有可能超过 15 亿人口。要保证我国经济社会的持续发展，合理开发利用和保护土地资源、特别是耕地资源，就具有非同寻常的重大意义，我国土地资源利用现状见图 3-2。

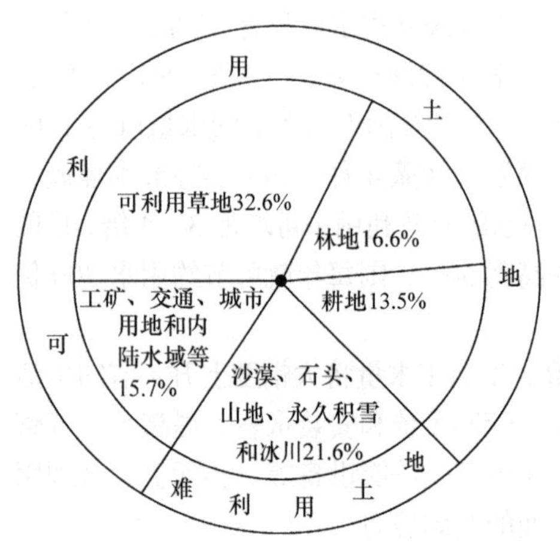

图 3-2 我国土地资源利用现状

耕地大量减少主要原因与少部分人保护意识弱、为发展经济而采取急功近利做法有关。同时，现行的土地管理体制和相关的法律制度显然也已不适应保护耕地的需要。目前，我国的人均耕地面积仅为 993 平方米，不及世界人均耕地的 1/3，而且后备耕地资源又极为贫乏，要解决人民的吃饭问题，只能依靠自身解决。因此严格控制城市用地和切实保护耕地，已经刻不容缓。另外，必须走农业集约经营的道路，加大资金和技术投入，提高粮食单产；改造中低产田，提高耕地质量；适当提高复种指数，以提高粮食产量等，都是提高土地生产力的有效措施。

四、生物资源利用与保护

保护生物多样性必须在生态系统水平上采取保护措施。以往的做法或传统的战略主要是建立自然保护区，通过排除或减少人类干扰来保护生态脆弱区。在一般的情况下这种战略的确是保护某些物种或生态系统的有效途径，并已取得了很大成就。然而，在不断增长的人口压力和不断增长的土地利用需求背景下，被动地保护已很难真正达到保护的目的。为此人们提出了新的保护战略——持续利用，生物多样性保护对全人类有着长远的巨大意义，需要各国政府和广大民众的积极参与。因此，生物多样性保护战略特别强调国际合作与行动。

五、海洋资源利用与保护

(一) 国际海洋管理法律化

1982 年，联合国通过了《联合国海洋法公约》(简称《海洋法公约》)，确立了大陆架 200 海里专属经济区和国际共管海域海底资源开发的新制度。公约确认沿岸国家享有管辖区内一切自然资源的主权和从事经济性勘探与开发的主权和管辖权，同时确认国际海底资源为全人类共同继承的财产，其开发活动受联合国国际海底管理局管理，获益全世界分享。200 海里专属经济区的规定，突破了“领海之外即公海”的传统观念，使沿海国家的国土主权向海上延伸，这对国际海洋开发和管理有重大影响。

(二) 海洋环境保护和海洋防灾意识增强，海洋国际合作日益加强

由于海岸带和海洋资源的过度开发造成破坏和近岸海域污染的发展，海洋状况恶化，危及海洋生态平衡和海洋资源的持续利用，因而海洋环境保护成为海洋管理的主题。随着技术的发展，海洋开发利用规模不断扩大，开发水域逐渐由近岸向深海大洋推进，因而海洋开发利用对海况的依赖性越来越高，风险也越来越大，防灾问题变得十分迫切。特别是全球变暖等全球环境问题与海洋的生物地球化学过程有密切关系，更增加了人们对海洋的关注。这些趋势促进了全球范围海洋国际合作与发展，特别是在科学技术方面的国际合作正在迅速开展。海洋已成为国际关系中既充满斗争又充满合作机遇的新舞台。

小　结

本章重点介绍了自然资源的概念、属性及分类，着重分析了我国自然资源的现状及特点，提出了资源合理利用与保护的必要性及措施。通过本章学习，了解自然资源的分类，理解我国自然资源人均占有量不足的现状，认识合理开发和保护自然资源的重要性。

1. 什么是资源？资源分类方式有几种？
2. 从再生性质划分，自然资源可分为哪几类？
3. 简述我国开发利用自然资源的现状及存在的问题有哪些。
4. 简述山东水资源的现状及特点。
5. 简述能源的概念及分类。如何合理利用和保护能源？
6. 为什么说人类所需要能量的绝大部分都直接或间接来源于太阳能？

第4章 环境污染及防治

随着人类的生活生产对地球环境的触及越来越深，环境污染在所难免，按环境要素分常见污染有大气污染、水体污染、土壤污染、噪声污染、农药污染、辐射污染、热污染等。我们需要学习、研究、开发和推广应用更好的污染预防和治理技术。面对不同污染物、不同环境背景，人类应该如何防范和治理呢？本章就从大气污染、水污染、土壤污染、各种物理性污染等方面展开，学习了解其不同来源和危害，掌握科学有效的防治方法。

第1节 大气污染及防治

案例 4-1

空气质量日报：2018 年 5 月 11 日，青岛空气质量指数为 45，$PM_{2.5}$ 为 16 微克/米^3，空气质量优，可吸入颗粒物 PM_{10}、一氧化碳、二氧化氮等监测值均很低，适宜出行及户外运动。

问题： 1. 同学们知道大气的组成吗？大气污染是怎样形成的？

2. 防止雾霾的形成，应该从哪些方面着手？

一、大气结构及组成

（一）大气与空气

大气是指包围地球的空气层，其厚度为 1000～1400 千米。其中对人类及生物生存起着重要作用的是近地面 10 千米的气体层，人们常称这层气体为空气层。可见，空气的范围比大气小得多，但空气层的质量却占大气总质量的 75%左右。大气是地球生命繁衍、人类发展必不可少的物质。

知识链接

大气的重要性：大家都知道人类需要呼吸新鲜空气以维持生命，空气每天成千上万次有规则地通过鼻腔进出我们的肺部。成人一次呼吸的空气量约为 500 毫升，按每分钟呼吸 16 次计算，全天约为 2 万余次，所以每人每天吸入的空气量约为 10 万升(约重 13 千克)，相当于每天所需食物和饮水量的 10 倍。而洁净的空气对生命来说比任何物质都重要，人在几周内不吃饭，几天内不饮水尚能生存，而空气仅断绝几分钟人就会死亡。可见，空气乃是人类和其他一切生命有机体一刻也不可缺少的生存条件。空气不仅是人类生存不可缺少的，同时也是人类维持生活所必需的，做饭取暖要靠燃煤取得热量，煤的燃烧需要空气，汽车开动，高炉炼铁等，也都需要空气。还有人的视觉器官、嗅觉器官、听觉器官能得以正常工作，空气也是绝对必要的。所以，空气是人类赖以生存和生活不可缺少的物质，此外，动物、植物也一时一刻离不开洁净的空气，连生活在水里的鱼也离不开溶解氧。

(二) 大气的结构

地球的最外层被一层混合气体包围着。由于受到地心的引力作用，大气在垂直方向上的分布极不均匀。总体来讲，海平面处的空气密度最大，随着高度的增加，空气密度逐渐减小。整个大气层随高度不同表现出不同的特点，分为对流层、平流层、中间层、热层和逸散层 5 层，结构见图 4-1。

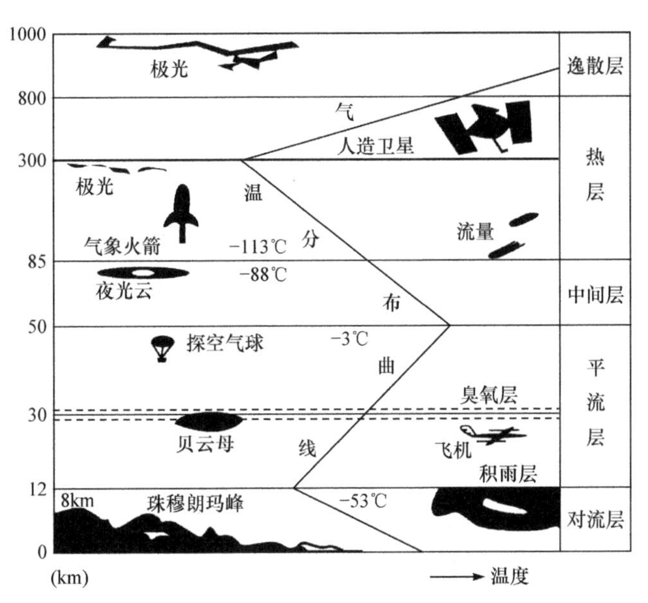

图 4-1　大气层垂直方向结构示意图

1. 对流层　接近地球表面的一层大气层，空气的移动是以上升气流和下降气流为主的对流运动，叫作对流层。它的厚度不一，其厚度在地球两极上空为 8 千米，在赤道上空为 17 千米，是大气中最稠密的一层。大气中的水气几乎都集中于此，是展示风云变幻的“大舞台”：刮风、下雨、降雪等天气现象都是发生在对流层内。

2. 平流层　对流层上面，直到高于海平面 55 千米这一层，气流主要表现为水平方向运动，对流现象减弱，这一大气层叫作平流层，又称同温层。这里基本上没有水气，晴朗无云，很少发生天气变化，适于飞机航行。在 20～30 千米高处，氧分子在紫外线作用下，形成臭氧层，像一道屏障保护着地球上的生物免受太阳高能粒子的袭击。

3. 中间层　平流层顶到离地球表面 85 千米之间的大气层，叫作中间层。

4. 热层　中间层以上，到离地球表面 500 千米，叫作热层。在这一层内，经常会出现许多有趣的天文现象，如极光、流星等。人类还借助于热层，实现短波无线电通信，使远隔重洋的人们相互沟通信息，因为热层的大气因受太阳辐射，温度较高，气体分子或原子大量电离，复合概率又少，形成电离层，能导电，反射无线电短波，故又称电离层。

5. 外大气层　热层顶以上是外大气层，又称逸散层。延伸至距地球表面 1000 千米处。这里的温度很高，可达数千摄氏度；大气已极其稀薄，其密度为海平面处的一亿分之一。由于该层空气受地心引力极小，分子运动快，很容易逃逸到宇宙空间。

（三）大气的组成

大气是由多种成分组成的混合气体，按成分可分为干洁空气、水汽、悬浮颗粒三部分。

1. 干洁空气(表 4-1)　干洁空气即干燥清洁的空气。主要有氮气占 78.1%；氧气占 20.9%；稀有气体约 0.94%(氦、氖、氩、氪、氙、氡等)；二氧化碳约占 0.031%。

表 4-1　干洁空气的组成

气体名称	体积百分含量/%	气体名称	体积百分含量/%
氮气(N_2)	78.1	氪气(Kr)	1.0×10^{-4}
氧气(O_2)	20.9	氙气(Xe)	0.08×10^{-4}
氩气(Ar)	0.939	氡气(Rn)	0.5×10^{-4}
二氧化碳(CO_2)	0.031	臭氧(O_3)	0.01×10^{-4}
氖气(Ne)	18×10^{-4}	甲烷(CH_4)	2.2×10^{-4}
氦气(He)	5.24×10^{-4}		

2. 水汽　水汽在大气中的含量随时间、地域、气象条件的不同而变化很大，在干旱地区可低到 0.02%，在温湿地带可高达 6%。大气中的水汽含量虽然不大，但却导致了各种复杂的天气现象，如云、雾、雨、雪、霜、露等。同时，水汽又具有很强的吸收长波辐射的能力，对地面起保温作用。

3. 悬浮颗粒　大气中的悬浮颗粒，主要是大气尘埃和悬浮在大气中的其他杂质，其在大气中的含量、种类和化学组成随时间和地点变化。

二、大气污染

1. 大气污染的定义　大气污染是指由于自然过程或人类活动使大气中一些物质的含量达到有害的程度，以致对人类健康生存和生态环境造成危害的现象。

2. 大气污染的形成过程　大气污染的形成过程由污染源、大气状态、接受体三个环节组成，缺少任何一个环节都构不成大气污染。大气污染物进入大气环境后参与循环过程，即经过一定的滞留时间，又通过大气中化学反应、生物活动、物理沉降等从大气中去除。当大气中污染物的输入和输出速度相等时，大气中该污染物可保持平衡；但如果大气中污染物的输出速度小于污染物的输入速度时，污染物就要在大气中积累，这样就造成了大气中某种物质浓度的升高，当危害到人类、动植物健康生存时，就发生了大气污染现象。

三、大气污染物的来源及危害

（一）大气污染物的定义

大气污染物种类繁多，其分类方式也多种多样，比较常用的是按大气污染物的来源和存在状态进行分类。按大气污染物的来源可分为一次污染物和二次污染物，按大气污染物的存在状态可分为颗粒污染物和气态污染物。

1. 一次污染物 直接从各种排放源进入大气的污染物质，其性质没有发生变化，称为一次污染物， 如颗粒物、硫氧化合物、氮氧化合物、碳氧化合物、碳氢化合物等。

2. 二次污染物 由排放源排出的一次污染物与大气中原有成分或几种一次污染物之间发生了一系列的化学反应或光化学反应，而形成的与一次污染物物理、化学性质完全不同的新的大气污染物，称为二次污染物。最常见的二次污染物有硫酸烟雾及光化学烟雾。

(1)硫酸烟雾：硫酸烟雾是大气中的 SO_2 等硫氧化物，在有水汽、含重金属的飘尘或氮氧化物存在时，发生一系列的化学反应和光化学反应而生成的硫酸雾。硫酸烟雾是强氧化剂，刺激作用和生理反应远比 SO_2 大得多，对生态环境及建筑材料等都有很大的危害。

(2)光化学烟雾：光化学烟雾一般认为是汽车、工厂等排入大气中的氮氧化物或碳氢化合物在太阳光照射下，发生一系列的光化学反应而形成的有色烟雾。光化学烟雾成分复杂，主要有臭氧、醛、酮等，其具有特殊气味和强氧化性，危害比一次污染物更强烈。

(二)大气污染物的来源

工业的发展、城市人口剧增、人们的生产生活等因素，导致大气中增加多种有害气体和悬浮颗粒，构成了大气污染。我们重点研究的是人为因素造成的大气污染问题。

1. 生活污染源 人们由于烧饭、取暖、淋浴等生活上的需要，燃烧燃料向大气排放煤烟而造成大气污染的污染源为生活污染源。这类污染源具有分布广、排放量大、排放高度低等特点，是造成大气污染不可忽视的污染源。

2. 工业污染源 火力发电厂、钢铁厂、化工厂及水泥厂等工矿企业在生产和燃料燃烧过程中排放煤烟、粉尘及各类化合物等造成大气污染的污染源(图 4-2)。这类污染源因生产的产品和工艺流程不同，所排放的污染物种类和数量有很大差别，但这类污染源一般比较集中，而且浓度高，对局部地区的大气影响很大。

3. 交通污染源 由汽车、飞机、火车、船舶等交通工具排放尾气而造成大气污染的污染源为交通污染源(图 4-3)。交通污染在现代城市中尤为突出，在发达国家，汽车成为大气的主要污染源，如美国拥有 1 亿多辆汽车，汽车排放物占全部大气污染的 60%左右。

图 4-2 工业污染源

图 4-3 交通污染源

4. 农业污染源 农业生产过程中对大气的污染主要来自农药和化肥的使用。有些有机氯农药如 DDT，施用后能在水面悬浮，并同水分子一起蒸发而进入大气；氮肥在施用后可直接从土壤表面挥发成气体进入大气，也可在土壤微生物作用下转化为氮氧化物进入大气，从而增加了大气中氮氧化物的含量。

（三）大气污染的危害

1. 对人体健康的影响　人需要呼吸洁净的空气以维持生命，被污染了的空气对人体健康有直接的影响。即使大气中污染物浓度不高，但人体成年累月呼吸这种污染了的空气，也会引起慢性支气管炎、支气管哮喘、肺气肿及肺癌等一系列疾病，而当大气中污染物的浓度很高时，则会造成急性污染中毒，或使病状恶化，甚至夺去人的生命。

2. 对生物的危害　大气污染物，尤其是二氧化硫、氟化物等对各种生物的危害是十分严重的。这些污染物会影响动物的生长和繁殖，会造成植物产量下降、品质变差，而当污染物浓度很高时，会对动植物产生严重危害，使植物叶表面产生伤斑、枯萎脱落等。

3. 对天气和气候的影响　大气污染物对天气和气候的影响是十分显著的，主要表现在：减少到达地面的太阳辐射量，导致人和动植物因缺乏阳光而生长发育不好；形成酸雨（图 4-4）；增高大气温度，产生城市“热岛效应”；影响全球气候，导致气候变暖和异常等。

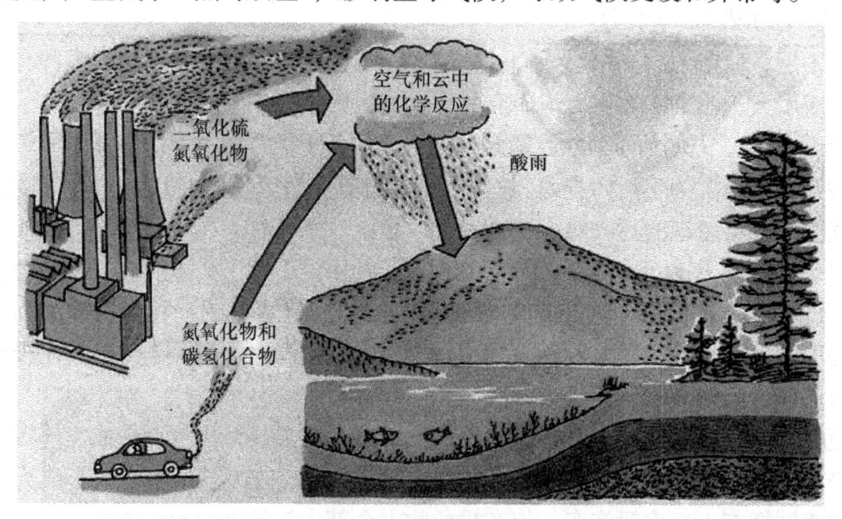

图 4-4　酸雨的形成

四、大气污染的防治措施

所谓大气污染的防治，就是从区域环境的整体出发，充分考虑该地区的环境特征，对所有能够影响大气质量的各项因素作全面、系统的分析，充分利用环境的自净能力，综合运用各种防治大气污染的技术措施，并在这些措施的基础上制定最佳的废气处理措施，以达到控制区域性大气环境质量、消除或减轻大气污染的目的。现将目前我国采用的五方面主要防治措施介绍如下。

（一）全面规划，合理布局

新建、改建和技术改造排放二氧化硫和烟尘的项目时，必须要采取更为有效的措施来控制污染物排放总量，或者由项目建设单位，或由当地人民政府来负责削减区域内其他污染源的排放量，一定要确保大气污染物排放量不可以超过整个区域的总量控制指标。

（二）改进燃烧方式，改进燃料结构

在我们日常生活中，所用的燃煤炉灶及一些采暖的锅炉所排放的二氧化硫和一些有害烟尘，这些都是影响大气恶化非常重要的原因，要想解决好这一问题，我们就必须在城区采取集中供暖的方式。这样供暖的好处主要是：可以充分提高锅炉设备的利用率，大大降低燃料的消耗；可以更好地利用热能，进而来提高热能的利用率，极大地降低粉尘的排放量。

（三）调整结构，提高能源的利用率

我国是一个产煤大国，煤炭也是我国的主要燃料，这一现状在短期是不会改变的。在煤炭的燃烧过程中会释放出大量的氮氧化物和二氧化硫等污染物。所以应优先推广低硫煤的生产和使用，降低烟尘还有二氧化硫的排放量。此外要根本解决大气污染问题，还要从改善能源结构入手。如使用天然气和焦化煤气、石油液化气等二次能源，加大对太阳能、风能、地热、潮汐能、生物能和核聚变能等清洁能源的利用。

（四）减少交通废气污染

治理汽车尾气对环境的污染，需要采取综合的防治措施进行处理。

1. 立法与管理的加强　需要促使相关法规体系的有效建立，对机动车污染问题进行处理；同时完善配套的管理措施，避免病残车、超期服役车对环境污染的损害。

2. 技术措施　机内净化，即设计、生产汽车时，通过发动机结构及燃烧方式的改进促使生产工艺水平的提高，实现污染物的良性排放，并符合国家标准对车辆污染物排放的要求；机外净化，即对机动车废气的排放进行最后处理，使其排放得以达标。通常安装尾气催化净化装置可有效处理这一问题；燃料改进，即增加对无铅汽油的使用，控制铅粒污染，同时对天然气、氢气、液化石油气等燃料进行开发，逐步替代汽油，且注重环保汽车的发展与应用。

（五）植树造林，绿化环境

在防治大气污染中最有效的方法是植树造林，这种方法既经济又有效，我们所种的植物可以吸收很多的有害气体，从而净化了空气，植物在大气环境中是一个天然的过滤器。这些树叶经过了雨水的淋洗以后，可以来吸附空气中的粉尘，从而使空气达到净化的效果。与此同时，绿色植物可以通过光合作用来释放出很多的氧气，通常情况下 1 公倾的阔叶林，一天可以消耗掉大概 1 吨二氧化碳，还可以释放出 750 千克氧气。因此，植树造林在大气环境中起到了非常好的调节作用。

空气质量不仅关乎人类的生存质量，而且也深深影响着地球上其他的生物。因此我们要自觉承担环境保护义务，努力提高人类生活水平，不断改善空气质量，具体要做到：建立空气质量监测机制，落实国家环境保护政策；加强新能源开发，不断替代化石能源，改革能源结构；完善环境监督体制，严格控制各种污染物排放；勤种树，多造林，充分利用大自然的净化功能；绿色生产，绿色消费，人人争做环保卫士。

五、雾霾的成因与防治措施

（一）雾霾产生的机理及原因

1. 雾霾的定义　所谓雾霾，是雾与霾的混合物。雾霾的产生说明空气污染较为严重，空气中小于 2.5 微米的飘浮颗粒物较多，对人体伤害较大。

2. 雾霾产生的原因

(1) 自然因素：风向对雾霾的产生有一定的影响，随着城乡建设水平的逐步提高，城市当中的高层住宅逐渐增多，使得风在吹向城市当中的时候受到阻挡，并经过地表摩擦力的影响导致风力减弱，致使空气中存在的颗粒物不易进行扩散和消散，这些颗粒物在一定的时间内进行累积，使得相应区域的空气中固态颗粒物的含量逐渐增多，为雾霾的产生提供了物质基础。同时，还有逆温层的影响，空中某一高度上如果存在逆温层，就会对空气的对流运动产生阻挡作用，进而导致空气当中的固态颗粒物不能够及时地随着空气的垂直运动而消散和稀释，反而会在一定地区沉积，悬浮在城市半空当中，同样也给雾霾的产生提供了一定的条件。

(2) 人为因素：城市工业水平的提高是雾霾产生的人为因素之一。工业是推动社会经济发展的重要组成部分，在工业生产产生的废气中含有大量的二氧化硫及氮氧化物、可吸入颗粒物，它们是导致雾霾产生的重要物质。同时，汽车的普及程度越来越高，大量的汽车尾气排放到空气当中，使得大气中颗粒飘浮物的含量进一步增加，直接导致空气混浊，能见度降低，各类交通事故频发。此外，大量的秸秆燃烧也是造成雾霾天气产生的重要原因之一，我国北方本就四季分明，在秋冬季，大量焚烧农作物秸秆、使用蜂窝煤等不清洁能源，大量的废气未经处理便直接排放到大气中，加剧了雾霾天气现象。

（二）雾霾产生的危害

常言道“秋冬毒雾杀人刀”。我们看得见、抓不着的“雾霾”其实对身体的影响较大，尤其是对心脑血管和呼吸系统疾病高发的老年人群体。霾的组成成分非常复杂，包括数百种大气化学颗粒物质。其中有害健康的主要是直径小于 10 微米的气溶胶粒子，如矿物颗粒物、海盐、硫酸盐、硝酸盐、有机气溶胶粒子、燃料和汽车废气等，它能直接进入并黏附在人体呼吸道和肺泡中。尤其是亚微米粒子会分别沉积于上、下呼吸道和肺泡中，引起急性鼻炎和急性支气管炎等病症。对于支气管哮喘、慢性支气管炎、阻塞性肺气肿和慢性阻塞性肺疾病等慢性呼吸系统疾病患者，雾霾天气可使病情急性发作或急性加重，如果长期处于这种环境还会诱发肺癌。

雾霾天气空气中污染物多，气压低，容易诱发心血管疾病的急性发作。比如雾大的时候，水汽含量非常的高，如果人们在户外活动和运动的话，人体的汗就不容易排出，造成人们胸闷、血压升高。雾霾天气还可导致近地层紫外线的减弱，使空气中的传染性病菌的活性增强，传染病增多。此外，雾霾天气还影响交通安全。出现雾霾天气时，视野能见度低，空气质量差，容易引起交通堵塞，甚至发生交通事故。

（三）雾霾防治对策措施

雾霾天气产生的各基本条件中除细小霾粒子与人类生产生活有关外，其余各条件均是人类难以控制的天气或气象条件，因此对其防控主要是通过减少大气中的霾粒子，由于大气中的霾粒子主要来自于大气污染物排放，重点是车辆尾气、工业废气、燃煤烟气、扬尘等污染源。因而首先必须从源头上控制，减少污染源的产生及污染物的排放，加强对这些重点污染源的治理，减少各类大气污染物的排放；其次是对已排放的污染物进行稳定化治理，防止产生二次污染，消除雾霾产生的条件，建立健全雾霾防治制度，降低雾霾危害程度。

第2节 水污染及防治

案例 4-2 **我国的首次环境污染刑事处罚**

2009年2月20日，因自来水水源受到酚类化合物污染，江苏省盐城市大面积断水近67小时，20万市民生活受到影响，占盐城市市区人口的2/5。据调查，盐城市标新化工厂为减少治污成本，居然趁大雨天偷排了30吨化工废水，最终污染了水源地。事后，该厂两名负责人因“投放危险物质罪”分别被判处10年和6年有期徒刑。

问题： 1. 什么是水污染？除酚类污染物外还有哪些水体污染物？

2. 水污染有哪些危害？

3. 针对不同水体污染物，采取什么工艺处理更经济合理？

一、水污染和水体自净

（一）水污染现状

当进入水体的污染物质超过了水体的环境容量或水体的自净能力，使水质下降，从而破坏了水体的原有价值和作用的现象，称为水污染。导致水体污染的原因分为自然的和人为的两类，火山爆发喷出毒害物质、植物衰亡腐烂等引起的都属于自然污染，难以控制。我们主要研究控制的是人为污染。

全球水污染形势不容乐观。2006年第四届世界水论坛提供的联合国水资源世界评估报告显示，全世界每天约有数百万吨垃圾倒进河流、湖泊，每升废水会污染8升淡水；所有流经亚洲城市的河流均被污染；美国40%的水资源流域被食品加工废料、金属、肥料和杀虫剂污染；欧洲55条河流中仅有5条水质可作为自来水水源使用。

2015年国家环保局发布的中国环境质量公告中提及，全国七大水系中，珠江、长江水质较好，辽河、淮河、黄河、松花江水质较差，海河污染严重。411个地表水检测断面中，Ⅰ～Ⅲ类的断面仅占2.7%、38.1%、31.3%，Ⅳ～Ⅴ类的断面占14.3%+4.7%，劣Ⅴ类水质的断面达8.9%，说明已有59%的河段不适宜作为饮用水水源。目前全国有25%的地下水体遭到污染，35%的地下水源不合格，说明地下水的污染应当引起重视。2018年，中国生态环境部通报的1935个监测断面中，Ⅰ～Ⅲ类的提高到74.2%，劣Ⅴ类降至7.1%，形势显著好转，主要污染物为总磷、氨氮、化学需氧量。

据山东省环境质量公报报道，2014年，全省134个例行监测河流断面中，除6个断流外，优于Ⅲ类的64个，占50.0%；Ⅳ类的26个，占20.3%；Ⅴ类的25个，占19.5%；劣Ⅴ类的13个，占10.2%。化学需氧量（COD_{Cr}）平均浓度24.2毫克/升，同比下降1.2%；氨氮平均浓度0.83毫克/升，同比下降20.7%。流域水环境质量连续12年持续改善，水污染形势持续多年好转。到2017年劣Ⅴ类降至6.7%，COD_{Cr}平均浓度将至22.3毫克/升，水污染形势进一步好转。

（二）水体自净

1. 水体自净的定义和作用机理　污染物随污水排入水体后，经过物理的、化学的与生物化学的作用，使污染物的浓度降低，受污染的水体部分地或完全地恢复原状，这种现象称为水体自净。水体的自净能力是有限的，如果排入水体的污染物数量超过某一界限时，将造成水体的永久性污染，这一界限称为水环境容量。水体自净过程较为复杂，按作用机理的不同可分为物理自净、化学自净和生物自净。

水体自净过程中，以上三种作用是同时发生的，哪一方面起主导作用，取决于污染物性质、水体的水文学和生物学特征。在一般情况下，水体自净以物理和生物化学过程为主。水体污染恶化过程、水体自净过程是同时产生和存在的，但在某一水体的部分区域或一定的时间内，这两种过程总有一种过程是相对主要的过程，它决定着水体污染的总特征。

2. 水体自净过程中的物质转化

(1) 水体中耗氧有机物的降解。水体中耗氧有机物主要指动、植物残体和生活污水及某些工业废水中的碳水化合物、脂肪、蛋白质等易分解的有机物，它们在分解过程中要消耗水中的溶解氧，使水质恶化。有机物在水体中的降解是通过化学氧化、光化学氧化和生物化学氧化来实现的，其中生物化学氧化作用具有最重要的意义。

有机物生物化学分解：有机物生物化学分解基本反应可分为水解反应和氧化反应两大类。

代表性耗氧有机物的生物降解，包括碳水化合物降解、脂肪和油类降解、含氮有机物降解、含氮有机物降解等。

(2) 氮、磷在水体中的转化。氮一般是以有机胺、铵盐、亚硝酸盐和硝酸盐的形式存在于水环境中。通过氨化、硝化和反硝化反应，最终使有机氮变为无机氮，N 元素常以 N_2 的形式逸出。

磷在污水中，主要以有机磷和无机磷两种形式存在，其中以无机磷的形式存在的可占总磷的 85%～95%。无机磷的形态发生转化，但磷元素的价态不会发生变化，生物法中通常以聚磷酸盐的形式去除磷。

(3) 重金属在水体中的迁移转化。重金属在水环境中的迁移转化：可分为机械迁移、物理化学迁移和生物迁移三种基本类型。机械迁移是指重金属离子以溶解态或颗粒态的形式被水流机械搬运。物理化学迁移指重金属以简单离子、络合离子或可溶性分子的状态，在水环境中通过一系列物理化学作用实现的迁移与转化过程，这种迁移转化过程决定了重金属在水环境中的存在形式、富集状况和潜在危害程度。生物迁移则指重金属通过生物体的新陈代谢、生长、死亡等过程所实现的迁移，是一种复杂的迁移，服从于生物学规律。影响重金属元素在水体中发生迁移转化的主要作用有以下五种，即沉淀-溶解作用、氧化-还原作用、络合-螯合作用、吸附作用、生物转化作用等。

3. 水体污染和溶解氧(DO)　有机污染物进入水体后，在微生物作用下逐渐氧化分解为无机物质，从而使有机污染物的浓度大大减少的过程就是水体的自净作用。自净作用需要消耗水中的溶解氧，所消耗的氧如得不到及时的补充，自净过程就要停止，水体水质就要恶化。因此，自净过程实际上包括了氧的消耗(耗氧)和氧的补充(复氧)两方面的作用。

氧的消耗过程主要决定于排入水体的有机污染物的数量，以及废水中无机性还原物质(如 SO_3^{2-})的数量。氧的补充和恢复一般有以下两个途径：①大气中的氧向含氧不足(低于饱和溶解氧)的水体扩散，使水体中的溶解氧增加；②水生植物在阳光照射下进行光合作用放出氧气。

水体中有机污染物的种类繁多，常用一些综合的水质指标，如生化需氧量等来反映水体受污染的水平。BOD_5 值越高，说明水中污染物越多。经实测，水体自净过程中，水体的 BOD_5 值和 DO 值随时间的变化规律见图 4-5。

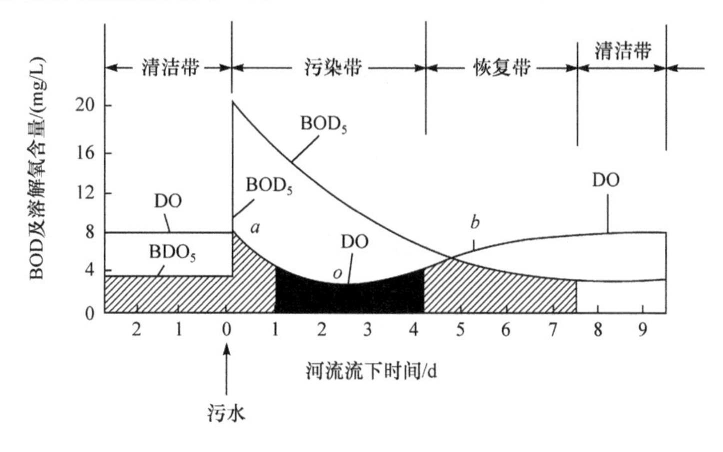

图 4-5 氧垂曲线图

受污染前，河水中的溶解氧几乎饱和(25℃，8mg/L)，亏氧接近于零。在受到污染后，开始时河水中的有机物大量增加，耗氧分解剧烈，耗氧速率超过复氧速率，河水中的溶解氧下降，亏氧量增加。随着有机物因分解而减少，耗氧速率逐渐减慢，终于等于复氧速率，河水中的溶解氧达到最低点。接着，耗氧速率低于复氧速率，河水溶解氧逐渐回升。最后，河水溶解氧恢复或接近饱和状态。该过程 DO 的变化曲线称为氧垂曲线。当有机物污染程度超过河流的自净能力时，河流将出现无氧河段，这时开始厌氧分解，河水出现黑色，产生臭气，河流的氧垂曲线发生中断现象。溶解氧的变化状况直观反映了水体中有机污染物净化的过程，因而可把溶解氧作为水体自净阶段划分的标志。

二、水体中污染物的主要成分及水质检验主要指标

按释放的污染物种类，造成水体污染的主要污染物可分为物理、化学、生物等几方面。

(一)物理性污染

物理性污染指的是颜色、浊度、温度、悬浮固体和放射性等。

1. 颜色　纯净的水是无色透明的。天然水经常呈现一定的颜色，它主要来源于植物的叶、根、茎、腐殖质以及可溶性无机矿物质和泥沙。当各种工业废水(如纺织、印染、染料、造纸等)排入水体后，可使水色变得极为复杂。颜色可以反映所含污染物的含量，相应水质指标为色度，单位为度。

2. 浊度　浊度主要由胶体或细小的悬浮物所引起，不仅沉积速度慢而且很难沉积。由生活污水中 Fe 和 Mn 的氢氧化物等引起的浊度是十分有害的，必须用特殊方法才能除去，相应水质指标为浊度，单位为 mg/L 或 NTU、JTU。

3. 温度　地表水的温度一年中随季节变化较大，地下水温度则比较稳定。由排放的工业废水引起天然水体温度上升，称为热污染。热电厂等的冷却水是热污染的主要来源。热污染的危害主要有以下几点：①由于水温的升高，使水中的溶解氧减少，相应的亏氧量随之增加，大气

中的氧向水中传递速率减慢；同时水温的升高会导致生物耗氧速度的加快，促使水体中的溶解氧进一步耗尽，水质迅速恶化，造成鱼类和其他水生生物死亡。②加快藻类繁殖，从而加快水体的富营养化进程。③导致水体中的化学反应加快，使水体中的物化性质如离子浓度、电导率、腐蚀性发生变化，可能导致对管道和容器的腐蚀加重。④加速细菌生长繁殖，增加后续水处理的费用。如果取该水体作为水源，则需增加混凝剂和氯的投加量，且使水中的有机氯含量增加。常用温度单位为摄氏度(℃)。

4. 悬浮固体　由于各种废水排入水体的胶体或细小的悬浮固体的存在，可影响水体透明度，降低水中藻类的光合作用，限制水生生物的正常运动，导致水体底部缺氧，使水体自净能力降低。相应水质指标为总悬浮物(TSS)，单位为 mg/L。

5. 放射性污染物　天然地下水和地面水中，常常含有某些放射性同位素，如铀(^{238}U)、镭(^{226}Ra)、钍(^{232}Th)等。但一般放射性都很微弱，只有 3.7×10^{-3}～3.7×10^{-2}Bq/L，对生物没有什么危害。人工的放射性污染物主要来源于天然铀矿的开采和选矿，尤其是核电反应堆设施的废水、核武器制造和核试验污染等，其辐射影响最大。

(二)化学性污染

排入水体的化学物质，大致可分为无机无毒物质、无机有毒物质、有机耗氧物质及有机有毒物质等几类。

1. 无机无毒物质

(1)酸、碱和无机盐。水体遭到酸碱污染后，pH 发生变化，当 pH 小于 6.5 或大于 8.5 时，水中微生物的生长就受到抑制，使水体自净能力受到阻碍。酸碱可以改变物质存在的形态，还可腐蚀水下各类设备及船舶。水体长期受到酸碱的污染将导致生态系统的不良影响，使水生生物的种群发生变化、减少，甚至绝迹。

各种溶于水的无机盐类，会造成水体含盐量增高，硬度变大。相应水质指标为总溶解性固体(TDS)，单位为 mg/L。

(2)N、P 等植物营养物质。废水中所含 N 和 P 是植物和微生物的主要营养物质。废水排入受纳水体，使水中 N 和 P 的浓度超标时，就会引起受纳水体的变化，各种水生生物(主要是藻类)的生长，出现异常繁殖，并大量消耗水中的溶解氧，进而导致鱼类等窒息死亡，水生态被破坏，称之为富营养化。相应水质指标为总氮(TN)和总磷(TP)，单位均为 mg/L。

2. 无机有毒物质

(1)重金属。重金属污染物排入水体环境后不易消失，经食物链的富集后最终进入人体，再经较长时间积累，可能促进慢性疾病的发作。目前已证实，约有 20 多种金属可致癌，如 As、Be、Cr、Co、Cd、Pb、Pd、Sc 等都有致癌性。Hg、Nb、Ta 已知为特异性致癌物质。

(2)氰化物。氰化物是指含有氰基(—CN)的化合物，是剧毒物质。当含氰废水排入水体后，数秒之内会引起水生动物急性中毒或死亡。在酸性溶液中，氰化物可生成 HCN 而挥发。水体中含氰化物 0.lmg/L 能杀死虫类，0.3mg/L 能杀死赖以自净的微生物，而含量达 0.3～0.5mg/L 时，鱼类中毒死亡。人只要口服 0.28g 左右 KCN 则可致死。

(3)氟化物。氟化物来自工业生产，如电镀加工含氟废水、含氟废气洗涤水。氟化物对许多生物具有明显毒性。水体含氟量低时对人体有益，饮用水浓度超过 1mg/L 时则出现氟斑牙，更高时使人体骨骼变形，引起氟骨症和肾脏损害等。

3. 有机耗氧物质　天然水中的有机物一般指天然的腐殖物质及水生生物的生命活动产物。生活污水、食品加工和造纸等工业废水中，含有大量的有机物，如碳水化合物、蛋白质、油脂、木质素、纤维素等。有机物的共同特点是直接进入水体后，通过微生物的生物化学作用而分解为简单的无机物质 CO_2 和水，在分解过程中需要消耗水中的溶解氧，在缺氧条件下就发生腐败分解、恶化水质，故常称这些有机物为耗氧有机物。

有机物的种类繁多，组成复杂，因而难以分别对其进行定量分析。没有特殊要求，一般不对它们进行单项定量测定，而是利用其共性，间接地反映其总量或分类含量。常采用下列指标来表示水中耗氧有机物的含量。

(1)化学需氧量(COD)：指用化学氧化剂氧化水中有机物，折合为所需的氧量，以每升水消耗氧的毫克数表示(mg/L)。COD 值越高，表示水中有机物污染越严重。常用的氧化剂主要是高锰酸钾($KMnO_4$)和重铬酸钾($K_2Cr_2O_7$)。高锰酸钾法(COD_{Mn})，测定相对简便快速，适用于测定一般地表水，如河水、海水。重铬酸钾法(COD_{Cr})和有机物反应较完全，适用于分析污染严重的水样。目前国际标准化组织(ISO)规定，化学需氧量指 COD_{Cr}，而称 COD_{Mn} 为高锰酸钾指数。

化学需氧量所测定的内容范围包括：不含氧的有机物和含氧有机物中碳的部分，实际可反映有机物中碳的耗氧量。另外，由于化学需氧量不具备选择性，其不仅包括了有机物，一定程度上包括了还原态的无机物(如硫化物、亚硝酸盐、氨和低价铁盐等)所消耗的氧量。

(2)生化需氧量(BOD)：指在好氧条件下，微生物分解水体中有机物质的生物化学过程中所需溶解氧的量，是反映水体中有机污染程度的综合指标之一。

由于微生物分解有机物是一个缓慢的过程，将所能分解的有机物全部分解往往需要 20 天以上，并与环境温度有关。目前国内外普遍采用 20℃培养 5 天的生物化学过程需要氧的量为指标(以 mg/L 为单位)，记为 BOD_5。

如果废水中各种成分相对稳定，那么 COD_{Cr} 与 BOD 之间应有一定的比例关系。一般来说，BOD_5/COD_{Cr} 的比值，即 B/C 比，可作为废水是否适宜生化法处理的一个衡量指标，比值越大，越容易被生化处理。一般认为，B/C 比大于 0.3 的废水才适宜采用生化处理。

(3)总需氧量(TOD)：是指水中被氧化的物质(主要是有机碳氢化合物及含硫、含氮、含磷等化合物)经燃烧变成稳定的氧化物所需的氧量。碳被氧化为 CO_2，而 H、N、S 则被氧化为 H_2O、N_xO_y 和 SO_x 等。TOD 的值一般大于 COD 的值。

(4)总有机碳量(TOC)：是近年来发展起来的一种水质快速测定方法，是指水中所有有机污染物中的碳含量。即把有机碳高温燃烧氧化成 CO_2，然后测得所有产生 CO_2 的量，以此算出污水中有机碳的量。

在水质状况基本相同的情况下，BOD_5 与 TOC 或 TOD 之间存在一定的关系。由于 COD 和 BOD 反映不出难以分解的有机物含量，且测定比较费时，国内外正在提倡用 TOC 和 TOD 作为衡量水质有机物污染的指标。通过实验建立相关关系，可快速测定出 TOC，从而推算出其他有机物污染指标。

(5)溶解氧(DO)：水中溶解氧是水生生物生存的基本条件，一般 DO 低于 4mg/L 时鱼类就会窒息死亡。天然水体中溶解氧含量一般为 6～10mg/L。溶解氧含量高，适于微生物生长，水体自净能力强。水中溶解氧缺乏时，厌氧细菌繁殖，水体发臭。有时溶解氧是判断水体是否污染和污染程度的重要指标。

4. 有机有毒物质

(1)酚类化合物。酚类化合物广泛地存在于自然界中。各类工业废水包括煤气、焦化、石油化工、制药、油漆等大量排放苯酚类物质，即挥发酚。苯酚产生臭味，溶于水，毒性较大，能使蛋白质发生变性。当水体中酚浓度为 0.1～0.2mg/L 时，鱼肉有酚味；浓度高时，可使鱼类大量死亡。若人们长期饮用含酚水，可引起头昏、贫血及各种神经系统症状，甚至中毒。

(2)有机农药。有机农药及其降解产物对水环境污染十分严重。引起水体污染的代表性农药有 DDT、艾氏剂、对硫磷等。

(3)多环芳烃(PAHs)。多环芳烃是由石油、煤等燃料及木材、可燃气体在不完全燃烧或在高温处理条件下所产生的，具有明显的致癌作用。被排入大气后，通过悬浮粉尘，经沉降和雨洗等途径到达地表，或各类废水直接排放，引起地表水和地下水的污染。

(4)多氯联苯(PCBs)。是联苯上的氢被氯置换后生成物的总称。一般以四氯或五氯化合物为最多，是一类稳定性极高的合成化学物质，在环境中不易降解，不溶于水而溶于油或有机溶剂中，在生物体内也相当稳定，故一旦侵入肌体就不易排泄，而易聚集在脂肪组织、肝和脑中，引起皮肤和肝损害。

(5)有机磷化合物。洗涤剂是代替肥皂，而其功能又明显强过肥皂的一类合成化学物质。随着洗涤剂在生活和工业生产中的广泛应用，排入水体中的洗涤剂的量愈来愈大，逐渐显示出其对水环境的恶劣影响。

(三)生物方面

病原微生物污染主要来自生活污水、医院污水、垃圾及地面径流方面。受病原微生物污染后的水体，微生物激增，其中许多是致病菌、病虫卵和病毒，它们往往与其他细菌和大肠杆菌共存。通常用细菌总数和大肠杆菌数作为病原微生物污染的间接指标，单位分别为 cfu/L 或个。

三、水体中污染物的危害及防治措施

(一)水体污染的危害

1. 对人体健康的危害　污染的水环境危害人类健康，应引起高度关注。生物性污染主要会导致一些传染病，饮用不洁水可引起伤寒、霍乱、细菌性痢疾等传染性疾病。此外，人们在不洁水中活动，水中病原体亦可经皮肤、黏膜侵入机体，如血吸虫病、钩端螺旋体病等。物理性和化学性污染会导致人体遗传物质突变，诱发肿瘤和造成胎儿畸形。如丙烯腈会致人体遗传物质突变；砷、镍、铬等无机物和亚硝胺等有机污染物，可诱发肿瘤的形成；甲基汞等污染物可通过母体干扰正常胚胎发育过程，导致先天性畸形等。

2. 对农业、渔业的危害　使用含有有毒有害物质的污水直接灌溉农田，污染土壤，会使土壤肥力下降，土壤原有的良好的结构被破坏，以致农作物品质降低，减产甚至绝收。在干旱、半干旱地区，用污水灌溉农田，短期内可能使农作物产量提高，但在粮食作物、蔬菜中往往积累了超过允许含量的重金属等有害物质，通过食物链使人畜受害。

水环境质量对渔业生产具有直接的影响。含有大量氮、磷、钾的生活污水排放后，大量有机物在水中降解释放出营养元素，促进水中藻类丛生，植物疯长，使水体通气不良，溶解氧下降，甚至出现无氧层，以致水生植物大量死亡，水面发黑，水体发臭形成“死湖”“死河”“死海”，进而变成沼泽。富营养化的水臭味大、颜色深、细菌多，不能直接利用，水中的鱼类大量死亡，鱼类与其他水生生物因此而产量减少，甚至灭绝。淡水渔场和海水养殖业都会因水污染造成严重后果。

3. 对工业生产的危害　水质污染后，更易导致设备腐蚀、产品质量下降等。工业用水必须投入更多的处理费用，造成资源、能源的浪费；工业用水水质不合格，会使生产停顿，如食品工业。这已成为工业企业效益不高，质量不好的重要因素之一。

（二）水体污染的防治措施

1. 水体污染的预防　水体污染的综合防治是指从整体出发，综合运用各种措施，对水环境污染进行预防和治理。中国是一个水资源缺乏的国家，缺水表现有两种：一是资源型缺水，二是水质型缺水。资源型缺水通常需要南水北调等国家级枢纽水利工程部分缓解，水质型缺水则可以通过水污染来防控缓解，可行性好。多年以来，污染后再治理的、以点源治理为基础的排污口净化处理措施，未能有效解决水污染问题，因此必须从区域和水系的整体出发，进行水污染的综合防治，才有望从根本上控制水污染，解决水质型缺水问题。因此实施水污染综合防治是十分必要，做好水污染预防工作，应做到四个结合。

（1）提高水资源利用率与水污染治理相结合。从人类的发展活动来看，人类生态系统中水循环有两个方面，一是自然水循环，二是社会用水循环（工农业生产用水和生活用水），在水循环过程中应该保证安全用水界限，并尽可能不降低水的质量。可通过调整工业结构和改善工业布局，以及推行清洁生产等改善水质。当前调控手段、经济模式和生产技术还很难做到完全不产生污染、不排放污染物，所以需要同步落实污染治理措施，将两者有机结合。

（2）合理利用环境的自净能力与直接处理措施相结合。合理利用水环境自净能力的措施包括排海工程、排江工程、优化排污口的分布等，但毕竟污染物的环境容量有限，要从整体出发进行系统分析，着眼长远乃至子孙后代，把土地处理系统、排江、排海工程与一级/二级污水处理、氧化塘等各种处理措施优化组合好。

（3）污染源分散治理与区域性污染集中控制治理相结合。现行污水综合排放标准规定，第一类污染物必须由污染源分散治理达到一定水平后排出，小型工业企业则可采取污染治理社会化的方法来解决。对于其他的污染物应当以集中控制为主，提高污染治理规模效益等，将两者有机结合起来。

（4）技术措施要与管理措施相结合。在规划、评价的基础上选定技术方案可以避免盲目性，提高装置投运后产水的水质稳定性和系统的经济性，然而技术方案实施后只有落实监督、加强运行管理，才能使技术措施正常运行，获得良好的效益。

2. 水体污染的治理技术　废水处理的目的就是，把废水中的污染物以某种方法分离出来，或者将其分解转化为无害稳定物质，从而使污水得到净化。一般要达到防止毒害和病菌的传染，避免有异嗅和恶感的可见物，以满足不同用途的要求。

因污染物的复杂性，废水处理相当复杂，废水处理方法的选择取决于废水中污染物的性质、组成、状态及对水质的要求。常见的污水处理方法包括物理法、化学法、物理化学法和生物法，还可细分为不同技术单元，具体见表 4-2。

表 4-2 常见的污水处理方法

处理方法	基本原理	单元技术
物理法	物理或机械的分离过程	过(格)滤、沉淀、离心分离、旋液分离、浮上等
化学法	加入化学物质与污水中有害物质发生化学反应的转化过程	中和、氧化-还原、混凝、化学沉淀等
物理化学法	物理化学的分离过程	气提、吹脱、吸附、萃取、离子交换、电解膜分离（电渗析、超滤、纳滤、反渗透等）
生物法	微生物在污水中对有机物进行氧化，分解的新陈代谢过程	厌氧消化、活性污泥、生物膜、氧化塘、人工湿地等

以上方法各有其适用范围，设计使用时必须取长补短、互为补充，往往很难用一种方法就能达到良好的治理效果。一种废水究竟采用哪种方法处理，首先是根据废水的水质和水量、水排放时对水质的要求、废物回收的经济价值、处理方法的特点等；其次通过调查研究，进行科学试验，并按照废水排放的指标、地区的情况和技术的可行性而确定。

(1)物理法。物理处理法是利用物理作用，分离或者回收废水中的不溶性固体杂质，包括截留、沉降、隔油、筛分、过滤和离心分离等。物理法的基本原理是利用物理作用使悬浮状态的污染物与废水分离，在处理过程中污染物的化学性质不发生变化。

(2)生物法。生物法是利用微生物的作用，对污水中的胶体和溶解性有机物质进行净化处理，根据微生物的特性不同，可将生物法分为好氧生物处理法和厌氧生物处理法两大类，具体工艺包括活性污泥法、生物膜法，以及包含生物处理的氧化塘法、人工湿地法等。

好氧生物处理是在有氧条件下，利用好氧菌、兼性菌分解稳定有机物的生物处理方法，有机物经过一系列的氧化分解，最终使有机碳化物转化为二氧化碳。常见工艺有活性污泥法、生物膜法；厌氧生物处理是在缺氧条件下，利用厌氧菌和兼性菌分解稳定有机物的生物处理法，经厌氧处理后有机碳转化为甲烷。

(3)化学法。化学法主要是通过添加化学试剂或通过其他化学反应手段，将废水中的溶解物质或胶体物质予以去除或无害化，它包括混凝、中和、氧化还原、电解和离子交换等方法。

(4)物理化学法。物理化学处理法主要是利用物理化学过程来处理回收废水中用物理法所不能除净的污染物。具体方法有吸附、浮选、萃取、汽提、吹脱和膜分离等。

四、南水北调工程(选学)

(一)工程概况

“南水北调”即“南水北调工程”，是中华人民共和国的国家战略性工程。南水北调工程主要解决我国北方地区，尤其是黄淮海流域的水资源短缺问题，规划区人口 4.38 亿人(2002 年)，分东、中、西三条线路，通过三条调水线路与长江、黄河、淮河和海河四大江河的联系，构成以“四横三纵”为主体的总体布局，以利于实现中国水资源南北调配、东西互济的合理配置格局。

“南水北调工程”的重要意义在于：改善北方地区的生态和环境，特别是水资源条件，增加水资源承载能力，提高资源的配置效率，促进经济结构的战略性调整；促进受水地区加大节水、治污的力度，使我国北方地区逐步成为水资源配置合理、水环境良好的节水、防污型社会，实现可持续发展；有效解决北方一些地区地下水因自然原因造成的水质问题，如高氟水、苦咸水和其他含有对人体不利的有害物质的水源问题，改善当地饮水的质量；缓解水资源短缺对北方地区城市化发展的制约，促进当地城市化进程。

（二）工程进展

南水北调工程东线于2002年12月开工，2013年5月一期工程通水，千万人已受益。中线于2003年12月开工，历时十余年的建设，于2014年12月正式通水，截至2018年累计向山东调水31亿立方米，其巨大的经济效益和社会效益已显现。西线正在深入论证和建设筹备之中。

（三）预期效益

1. 巨大的社会效益　首先是解决北方地区的水资源短缺问题，促进这一地区经济、社会的发展和城市化进程，还可以解决700万人长期饮用高氟水和苦咸水的问题。南水北调实现以后，将构筑成“南北调配，东西互济”的大水网格局，可以促进北方地区经济的发展和社会发展。

2. 显著的经济效益　除了间接促进我国的经济发展和社会进步外，由于对南水北调工程投入了大量资金，据东、中线总体科研阶段估算，仅此项每年可以拉动中国经济0.2～0.3个百分点。调水工程通水后，我国北方增加了水资源的供给，每年将增加工农业产值500亿元。另外，由于调水工程的实施，每年可增加就业人口50万至60万人。

3. 长远的生态效益　东、中线一期调水工程实施以后，可以有效缓解受水区的地下水超采局面，同时还可以增加生态和农业供水60亿立方米左右，使北方地区水生态恶化的趋势初步得到遏制，并逐步恢复和改善生态环境。在全球气候变暖、极端气候增多条件下，增加国家抗风险能力，为经济社会可持续发展提供保障。

第3节　土壤污染及防治

案例4-3

土壤是整个生物圈的基础，也是植物生长发育的基地。我们的食物中，蔬菜、粮食、水果均直接来自土壤，我们的日常用品中，一次性筷子、纸张、棉麻衣物等，也是土壤孕育的植物加工而成，所以说，土壤为一切陆生动植物提供着生命活动所必需的资源，使生命得以繁衍生息，世界变得多姿多彩。

问题： 1. 对你在日常生活中所吃、所用的物品进行简单统计，看看有多少来自土壤。

2. 如何从我做起，减少土壤污染，拯救我们的大地“母亲”染病的机体？

一、土壤污染基础知识

（一）土壤的定义

土壤是指陆地表面具有肥力、能够生长植物的疏松表层，其厚度一般在2米左右，它处于岩石圈、大气圈、水圈、生物圈相互紧密接触的过渡地带，是联系陆地环境各要素的枢纽。土壤不但为植物生长提供支撑能力，而且提供植物生长发育所需的水、肥、气、热等肥力要素。它是人类食物的生产基础，是人类食品、服装、建筑物等基本原料的来源。

近年来，由于人口数量的急剧增长，工业的迅猛发展，环境的日益破坏，导致各种土壤问题不断加剧，最典型的是水土流失、土地沙化与荒漠化、盐渍化，以及土壤污染等。

（二）土壤污染的定义

土壤是各种污染物的最终“归属地”，世界上90%的污染物最终会滞留在土壤内。近年来，随着人口急剧增长和工业迅猛发展，固体废弃物不断地向土壤表面堆放，有害废水不断地向土壤中渗透，大气中的有害气体及飘尘也不断地随雨水降落在土壤中。当土壤中有害物质过多，超过土壤的自净能力时，就会引起土壤的组成、结构和功能发生变化，微生物活动受到抑制，有害物质或其分解产物在土壤中逐渐积累，当土壤中的有害物质积累到不能靠自身净化消除的程度，就导致土壤污染（图 4-6）。

图 4-6　土壤污染

（三）土壤污染物的定义

土壤污染物是指使土壤遭受污染的物质，包括引起土壤污染的重金属、放射性物质、农药及危害人畜健康的病原微生物等物质。

（四）土壤环境容量及影响因素

土壤环境容量又称土壤负载容量，是一定土壤环境单元在一定时限内遵循环境质量标准，既维持土壤生态系统的正常结构与功能，保证农产品的生物学产量与质量，又不使环境系统污染超过土壤环境所能容纳污染物的最大负荷量。影响土壤环境容量的主要因素有土壤类型、污染物数量及特性、作物生态效应等。不同土壤其环境容量是不同的，同一土壤对不同污染物的容量也是不同的，这涉及土壤的净化能力。在一定区域内，掌握土壤环境容量是判断土壤污染与否的界限，可使污染的防治与控制具体化。

二、我国土壤污染的现状及特点

随着我国工业、农业以及城镇化的快速发展，耕地资源日益紧张，供需矛盾愈加突出，土壤污染日益加重，土壤环境质量呈现逐步恶化趋势，对于确保粮食安全和农产品质量安全，提升农业可持续发展能力构成严重威胁。认识土壤环境质量现状，保护现有土地资源，着力解决土壤污染问题，改善土壤环境质量，是贯彻落实党的十八大和十八届三中全会精神，促进经济社会可持续发展的迫切要求。

（一）我国土壤污染现状

1. 不合理施用化肥，造成土壤地力退化　施用化肥是农业增产的重要举措，但若使用不合理，也会引起土壤污染。例如长期大量使用化肥，会破坏土壤结构，造成土壤板结，生物学性质恶化，影响农作物产量和质量。目前我国人多地少，土地年年依靠增施化肥来补充养分的情况比较严重，致使土壤微生态平衡遭到破坏，土壤退化，有机质减少。山东省是全国的粮食、蔬菜、果品的生产大省，常年总产量及单产位居全国前列，但在维持农产品高产稳产的过程中，过分依赖化肥施用的问题比较突出。

知识链接

山东省常年化肥施用总量在470万吨(折纯)以上，每公顷耕地平均施用量为630千克，比全国平均施用量345千克高出285千克，比国际公认的上限标准225千克高出405千克。目前，山东省的化肥利用率一般在40%左右，照此计算，全省每年有280多万吨折纯化肥残留、溶解和挥发在土壤、水体、空气中，由此造成土壤次生盐渍化、水体富营养化，导致土壤持续产出能力下降，地表水质恶化等。据省农业厅统计，由于长期过量施用化肥，全省约有30%的大棚土壤出现板结、20%的发生次生盐渍化、30%的发生土传病害加重现象，且栽培时间越长，这些现象发生的比例越高、程度越严重。

2. 过量施用农药，造成农药残留问题突出　适量喷施农药是农业防治病虫害、提高农作物产量的有效措施，但喷施于农作物上的农药，除部分被植物吸收或逸入大气中，约有一半落于农田中，构成农田土壤中农药的基本来源，污染了土壤。我国每年农药使用量达150万～180万吨，施用农药面积在2.8亿公顷以上，其中80%～90%最终将进入土壤环境，土壤农药污染十分严重，约有87万～107万公顷的农田土壤受到农药污染。目前，农药污染已成为我国影响范围最大的一种有机污染，且具有持续性，这与农药的残留期有关，含Hg、As的农药制剂几乎将永远残留在土壤中。有机氯农药的残留期也比较长，一般有数年至30年之久，部分农药残留时间见表4-3。

知识链接

近年来，山东省农作物病虫害一般年发生面积在7.5亿亩次左右，防治面积8亿亩次左右，其中化学防治面积7.5亿亩次，生物物理防治面积0.5亿亩次。全省化学农药年使用总量一般在16万吨左右，农药利用率不到30%，全省每年大约有11万吨以上的农药残留或消解在土壤、水体、空气和植物体内，由此形成的面源污染对土壤生态系统和农产品质量安全带来了严重影响。残留在土壤中的农药，对有益微生物和有益生物造成伤害，改变了土壤生态系统的结构和功能，导致土传病害加重、土壤生产能力下降，也成为农产品质量安全的巨大隐患。

3. 地膜残留成为“白色污染”　我国从20世纪70年代开始使用塑料薄膜覆盖技术，由于它具有提高地温、保持土壤水分、抑制杂草生长、调节土壤营养等功能，地膜覆盖技术在我国各地得到迅速推广应用，导致土壤中塑料制品残留量很大。例如山东省地膜年用量基本保持在14万吨左右。2012年全省地膜覆盖面积3600多万亩，使用量13.7万吨。据抽样调查，使用地膜的耕地中，每年

表4-3　农药在土壤中的残留时间

农药名称	消失95%的年数范围	消失95%的平均年数
DDT	4～30	10
六六六	3～20	6.5
艾氏剂	1～6	3
狄氏剂	2～25	8
七氯	3～5	3.5
氯丹	3～5	4

有30%左右不可降解地膜残留在30厘米深的耕作层中，连续18年使用地膜的地块中，每亩地膜残留量在2千克以上。由于非标准地膜的使用比例较高，加大了地膜回收难度，地膜回收率较低。残留在土壤中的地膜，降低了土壤的透气性、透水性，破坏了土壤结构，而且影响作物出苗和根系生长，导致作物减产。

4. 土壤重金属及有机污染物污染问题逐步显现　重金属一般指相对密度大于5的金属。由于工业“三废”的排放、污水灌溉、污泥农用等原因，导致我国存在比较严重的土壤重金属污染问题，进入土壤的重金属很多，但影响较大的重金属主要有Hg、Cr、As、Pb、Cu、Zn、Se等。我国耕地受土壤金属污染的比重占耕地总量的1/6左右。

知识链接

根据近年来开展的农田土壤监测发现，山东省部分地区存在农田土壤重金属超标现象，对农产品质量安全造成巨大威胁。当前及今后一段时间是我省工业化、城镇化快速发展的时期，各类污染源大量增加，污染物排放总量逐年扩大，土壤环境质量面临严重威胁。据土壤检测中心报告统计，全省位于工矿企业周边、大中城市郊区、污灌区等重点污染区的耕地面积达370万亩，耕地土壤存在被污染的潜在风险。

（二）土壤污染的特点

1. 土壤污染的累积性　污染物质在大气和水体中，一般都比在土壤中更容易迁移。这使得污染物质在土壤中并不像在大气和水体中那样容易扩散和稀释，因此容易在土壤中不断积累而超标，同时也使土壤污染具有很强的地域性。

2. 土壤污染的不可逆转性　重金属对土壤的污染基本上是一个不可逆转的过程，许多有机化学物质的污染也需要较长的时间才能降解。譬如：被某些重金属污染的土壤可能要100～200年时间才能够恢复。

3. 土壤污染的难治理性　如果大气和水体受到污染，切断污染源之后通过稀释作用和自净化作用也有可能使污染问题不断逆转，但是积累在污染土壤中的难降解污染物则很难靠稀释作用和自净化作用来消除。土壤污染一旦发生，仅仅依靠切断污染源的方法则往往很难恢复，有时要靠换土、淋洗土壤等方法才能解决问题，其他治理技术可能见效较慢。因此，治理污染土壤通常成本较高、治理周期较长。鉴于土壤污染难于治理，而土壤污染问题的产生又具有明显的隐蔽性和滞后性等特点，因此土壤污染问题一般都不太容易受到重视。

4. 土壤污染具有隐蔽性和滞后性　大气污染、水污染和废弃物污染等问题一般都比较直观，通过感官就能发现。而土壤污染则不同，它往往要通过对土壤样品进行分析化验和农作物的残留检测，甚至通过研究对人畜健康状况的影响才能确定。因此，土壤污染从产生污染到出现问题通常会滞后较长的时间。如美国的“拉夫运河事件”经过了20多年才被人们所认识。

知识链接

土壤污染的间接危害性。土壤中污染物一方面通过食物链危害动物和人体健康，另一方面还能危害自然环境。例如一些能溶于水的污染物，可从土壤中淋洗到地下水里而使地下水受到污染；另一些悬浮物及土壤所吸附的污染物，可随地表径流迁移，造成地表水污染；而污染的土壤被风吹到远离污染源的地方，扩大了污染面。所以土壤污染又间接污染水和大气，成为水和大气的污染源。

三、土壤污染物的种类及危害

土壤污染源十分复杂，因而土壤污染物的种类极为繁多，具体见表 4-4。

表 4-4　土壤污染物、污染源及其危害

污染源	污染物	危害
工业废水废渣	重金属、无机盐、氰化物、有毒有机物、污泥、垃圾	植物富集、通过食物链危害人、畜
农药化肥	有机氯、有机磷、DDT、六六六、不合理使用氮、磷化肥	植物富集，通过食物链危害人、畜。土壤板结、引起土壤缺铁、锌等元素
人畜排泄物、生物残体	寄生虫、病原微生物、病毒	感染各种疾病
大气沉降物	SO_2、NO_x、颗粒物、放射性物质等通过沉降和雨水落到地面	土壤酸化、影响农作物生长

(一) 土壤污染物的类型

1. 化学污染物　化学污染物包括无机污染物和有机污染物。前者如汞、镉、铅、砷等重金属，过量的氮、磷植物营养元素以及氧化物和硫化物等；后者如各种化学农药、石油及其裂解产物，以及其他各类有机合成产物等(对人体的危害见图 4-7、图 4-8)。

2. 物理污染物　物理污染物指来自工厂、固体矿山的废弃物如尾矿、废石、粉煤灰和工业垃圾等。

3. 生物污染物　指带有各种病菌的城市垃圾和由卫生设施(包括医院)排出的废水、废物以及厩肥等。

4. 放射性污染物　主要存在于核原料开采和大气层核爆炸地区，以锶和铯等在土壤中的放射性元素为主。

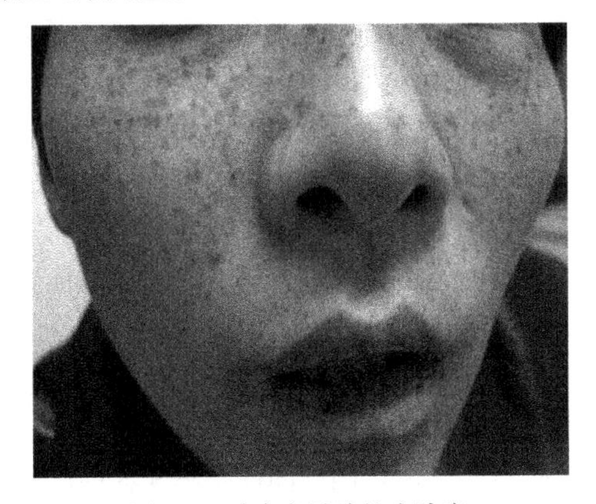

图 4-7　砷中毒导致的皮肤病

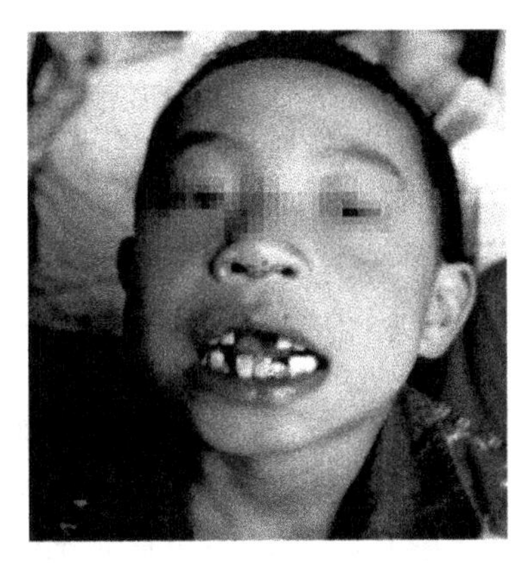

图 4-8　铅中毒引起的面部骨骼变形

(二) 土壤污染物的主要来源

土壤污染物来源广、种类多，既有无机污染物也有有机污染物，大致可分为以下四类来源。

1. 矿山采冶对土壤的污染　采矿业是农业污染的一个重要渠道，有专家在湖南一个矿区进行了长期的健康调查研究，他们发现当地农民的血液中有一些重金属存在，不仅如此，由于采矿释放出的有害物质深入空气和水流，还会污染土地及农作物。

2. 工业“三废”对土壤的污染　土壤是环境要素之一，大气或水体中的污染物质的迁移、转化，进入土壤，使之亦遭受污染。废气污染空气后的颗粒物沉降到土壤表面，污染土壤。废水排放后灌溉农田，污染土壤。废渣的堆放，有毒物质渗透到土壤中，污染土壤。土壤历来就作为废物(废渣、污水和垃圾等)的处理场所，工矿业废渣、城市垃圾的堆放或填埋，工业废水和生活污水的排放等，使大量有机污染物和无机污染物随之进入土壤。

3. 污水灌溉对土壤的污染　不合理的污水灌溉，使土壤结构功能遭受破坏。生活污水和工业废水中，含有氯、钾等许多植物所需要的养分，因此，合理地使用污水灌溉农田，一般有增产效果。但如果污水中含有重金属、酚、氯化物等有毒有害物质而没有经过必要的处理就直接用于农田灌溉，会将污水中的有毒有害物质带至农田，污染土壤。例如，冶炼、电镀、印染等工业废水能引起镉、汞、铬、铜等重金属污染；石油化工、化肥、农药等工业废水会引起酚、三氯乙醛等有机物的污染。

目前全球每年进入土壤的镉总量约为 66 万千克，如“镉大米”。镉和大米的渊源很深，水稻很容易吸附镉这样的重金属，有些地方本身化肥用得很少，也没有矿，但是如果上游的水污染了，下游的水稻也会受到污染。

4. 化肥、农药对土壤的污染　我国人多、地少、田薄，种植业效益比较低，许多农民弃用有机肥，大量改用氮肥和磷肥，土壤酸性急速飙升，使土壤结构受到破坏，造成土壤板结；喷施于农作物上的农药,除部分被植物吸收或逸入大气中,其中约有高达 55%左右散落于农田中，构成农田中农药的基本来源，污染了土壤。

(三)土壤污染的危害

土壤污染给农业和人们生活带来了巨大危害，主要表现在以下几个方面。

1. 土壤污染降低土壤的生产力　首先，使用杀虫剂、杀菌剂、除草剂等，会造成许多土壤生物的死亡。如蚯蚓等会因经常施用各种药剂而大量减少。受污染的土壤会导致有益微生物受到伤害，不利于土壤养分的转化，从而降低土壤的肥力。其次，部分有机污染物会直接影响作物产量。如用未经处理的石油污水灌溉，会使植物生长发育受阻，出现水稻矮化等现象。再次，重金属在土壤中达到一定数值后，也会使作物减产。以我国为例，每年因受重金属污染而减产的粮食达 1000 多万吨，而被重金属污染的粮食每年也多达 1200 万吨，合计造成的经济损失超过 200 亿元。

2. 土壤污染危害人体健康　在土壤中过量或不合理地使用农药，会使农药在植物体中累积，而人体一旦食用了这些含有农药残留物的食物就容易出现各种健康问题。此外，生长在受重金属污染的土壤上的作物，其可食部分的重金属含量也较高，人体食用后同样会出现各种疾病，如砷中毒、铅中毒等。

3. 土壤污染导致农产品品质下降　我国大多数城市近郊土壤都受到了不同程度的污染，有许多地方粮食、蔬菜、水果等食物中镉、铬、砷、铅等重金属含量超标或接近临界值，农产品质量安全难以保障，严重影响农产品品质。有些地方由于污水灌溉已经使得蔬菜的味道变差、易烂，甚至出现难闻的味道；农产品的储藏品质和加工品质也不能满足深加工的要求。

4. 土壤污染导致其他环境问题　土壤受到污染后，含重金属浓度较高的污染表土容易在风力和水力的作用下分别进入到大气和水体中，导致大气污染、地表水污染、地下水污染和生态系统退化等其他生态问题。如山东的大气扬尘多数来源于地表，土壤中的污染物进入大气，进一步通过呼吸作用进入人体；上海川沙污水灌溉区的地下水监测出汞、镉等重金属和氟、砷等非金属超标；成都市郊的农村水井也因土壤污染而导致水井中汞、铬、酚、氰等污染物超标。

四、土壤污染的治理措施

主要土壤污染物的多种来源见图 4-9。土壤一旦被污染，其影响短时期内难以消除，所以土壤污染的治理不是件轻而易举的事，往往需要长期的努力，并采取综合治理措施才能奏效。目前的治理措施主要有控制“三废”排放量、生物防治、增施有机肥料、施用化学抑制剂、改革耕作制度等。

（一）控制工业“三废”的排放

要严格控制污染严重的工厂、矿山、企业数量，生产工艺要改进，设备也要改进，如在电镀工业中广泛采用无氰电镀工艺，从根本上解决了含氰废水对环境的污染；不具备回收处理能力的小厂矿要停工；重金属污染物质原则上不准排放；城市生活垃圾也一定要经过严格处理后方可作为肥料施用。

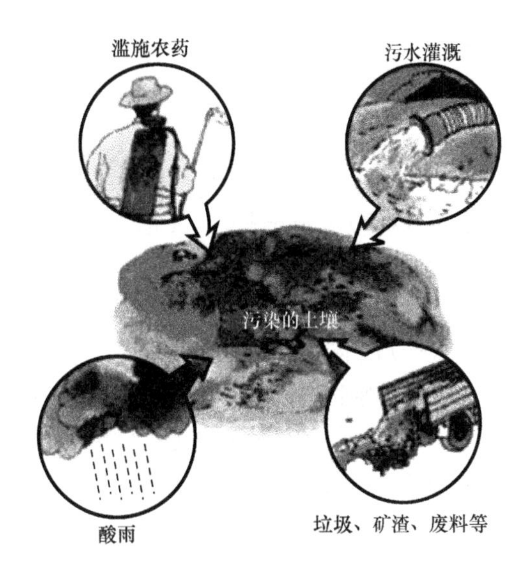

图 4-9 主要土壤污染物来源

（二）生物防治

土壤污染物质可通过生物降解或植物吸收而净化。如美国分离出能降解三氯丙酸或三氯丁酸的小球状反硝化菌种；日本的研究表明土壤中的红酵母和蛇皮癣菌，能降解剧毒性的多氯联苯。另外，某些鼠类和蚯蚓对一些农药有降解作用。严重污染的地方，种植非食用的花草树木可以降低污染级别。

（三）增施有机肥

对于被农药和重金属轻度污染的土壤，增施有机肥可达到较好的降低污染的效果。因为有机肥可以提高土壤有机质含量，增强土壤胶体对重金属和农药的吸附能力。如褐腐酸能吸收和溶解三氯杂苯除草剂及某些农药，腐殖质能促进镉的沉淀等。同时，增加有机肥还可以改善土壤微生物的流动条件，加速生物降解过程。

（四）施用化学抑制剂

受重金属轻度污染的土壤中施用抑制剂，可将重金属转化成为难溶的化合物，减少农作物的吸收。常用的抑制剂有石灰、碱性磷酸盐、碳酸盐和硫化物等。例如，在受镉污染的酸性、微酸性土壤中施用石灰或碱性炉灰等，可以使活性镉转化为碳酸盐或氢氧化物等难溶物，效果显著。

（五）改革耕作制度

改变耕作制度，从而改变土壤环境条件，可消除某些污染物的危害。如被 DDT 污染的土壤，若旱田改为水田，可大大加速 DDT 的降解，仅一年左右土壤中残留的 DDT 即可基本消失。

第4节 固体废物及其资源化利用

案例4-4

据统计,我国2015年所产工业固体废物量约33亿吨,历年堆存超过600亿吨。其中危险废物约占5%。这些废物除约40%可回收利用外,大都仅作简单的堆置处理或是任意丢弃。

问题: 工业固体废物的危害?

一、固体废物来源及危害

固体废物是指在生产、生活和其他活动中产生的丧失原有利用价值,或者虽未丧失利用价值但被抛弃(放弃)的固态、半固态,以及置于容器中的气态的物品、物质和法律、行政法规规定纳入固体废物管理的物品、物质。

(一)固体废物的属性

从固体废物与环境、资源、社会的关系分析,固体废物具有污染性、资源性和社会性。

固体废物的污染性表现为固体废物自身的污染性和固体废物处理的二次污染性;固体废物的资源性表现为固体废物是资源开发利用的产物和固体废物自身具有一定的资源价值。需要指出的是,固体废物的经济价值不一定大于固体废物的处理成本。总体而言,固体废物是一类低品质、低经济价值资源。固体废物的社会性表现为固体废物产生、排放与处理具有广泛的社会性,一是社会每个成员都产生与排放固体废物;二是固体废物产生意味着社会资源的消耗,对社会产生影响;三是固体废物的排放、处理处置及固体废物的污染性影响他人的利益。固体废物排放前属于私有品,排放后成为公共资源。

另外,固体废物具有时间和空间的必然性和相对性,即兼有废物和资源的双重性。固体废物是"在错误的时间放错地点的资源",具有鲜明的时间和空间特征。污染环境的源头废物往往是许多污染成分的终极状态。固体废物具有时间和空间双重性,还体现在所含有害物呆滞性大、扩散性小。固态危险废物具有呆滞性和不可稀释性,一般情况下进入水、气和土壤环境的释放速率很慢。固体废物的危害具有潜在性、长期性和灾难性。由于污染物在土壤中的迁移是一个比较缓慢的过程,其危害可能在数年以至数十年后才能发现,但是当发现已造成污染时,可能会造成难以挽救的灾难性后果。从某种意义上讲,固体废物特别是有害废物对环境造成的危害可能要比水、大气造成的危害严重得多。

知识链接

固体废物种类繁多,形态复杂,包括矿山固体颗粒、城市垃圾、冶炼炉渣;日常生活中废制品、破损器皿、残次品、变质食品;还有污泥、动物尸体、人畜粪便等。

（二）固体废物的来源

固体废物主要来源于工业和农业生产排放出的一般废物、有害废物、危险废物，这些统称生产废物；生活资料被使用消费后，产生的生活垃圾称为生活废物，这些生活废物来源于城镇生活、市政建筑和商业活动等遗弃的各种固体废弃物。还有非常规来源的固体废物，如放射性废物等。

工业固体废物来源于冶金固体废物、燃料灰渣、化学工业固体废物、石油工业固体废物、矿业固体废物等。农业固体废物来源于农业生产、畜禽饲养、农副产品加工以及农村居民生活活动排出的废物，如植物秸秆、人畜粪便等；河道淤泥来源于雨水冲刷陆地或人为倾倒垃圾形成的底泥，如果没有被污染，河泥是很好的农家肥。生活废物，包括建筑垃圾来源于居民生活和商业活动丢弃的废物等。食品加工业固体废物来源于粮食加工过程中排弃的谷屑、下脚料、渣滓等。

非常规来源固体废物来源于自然灾害、战争、军事工业、航空航天业等产生的固态废物；放射性废物来源于核燃料生产、加工，同位素应用，核电站、核研究机构、医疗单位、放射性废物处理设施产生的废物。

（三）固体废物分类

固体废物分类方法很多，按其组成可分为有机废物和无机废物；按其危害状况可分为危险废物、有害废物和一般废物；按来源分为矿业固体废物、工业固体废物、城市生活垃圾、农业固体废物、放射性固体废物、危险固体废物和非常规来源废物；根据固体废物形态可分为固态（块状、粒状、粉状）和泥状废物。

为便于固体废物分流处理，结合我国垃圾分类与收运的习惯认识，将固体废物分为14类：生活垃圾、餐厨垃圾、大件垃圾、建筑废物、城镇污水处理厂污泥、绿化垃圾、粪渣、动物尸骸、医疗垃圾、电子垃圾、废弃车辆、工业废物、农业废物、有害废物。

（四）固体废物的危害

各种固体废物对环境潜在污染的特点表现为数量巨大、种类繁多、成分复杂、滞留期久、危害性强。

1. 固体废物污染环境　固体废物对环境造成的污染是多方面的：①若直接把固体废物倾倒入河流、湖泊、海洋，会造成水体污染；②长期堆存的固体废物，如尾矿、粉煤灰、干污泥和垃圾中的粉尘会随风飞扬，吹到很远的地方，影响周边环境；③固体废物分解、自燃释放、焚烧，都会散发出毒气和臭气，污染大气环境；④长期堆放的固体废物中有害成分经风化雨淋，含有毒物质的渗出液和滤液进入地表径流，下渗到土壤，造成土壤污染；⑤固体垃圾影响地表景观及环境卫生，工业废渣和城市垃圾在城市周边随意堆放，既影响市容，又成为传染疾病的根源。

2. 固体废物破坏生态　固体废物产生源分散、产量大，排放（固体废物数量与质量）具有不确定性与隐蔽性，组成复杂、形态与性质多变。尤其是有害废物，处理不当，会破坏生态。

3. 固体废物被废弃造成资源大量浪费　固体废物产量大，且存量固体废物量（填埋包括简易堆置）和处置量亦很大，消耗大量的物质资源，占用大量土地资源。

4. 固体废物造成人的精神伤害　固体废物，尤其是生活垃圾，贴近人们的日常生活。当提及生活垃圾时，人们想到的便是脏、乱、臭、有害、有毒等，引起视觉、听觉、味觉、嗅觉、触觉的不良反应。

二、固体废物资源化利用的途径

固体废物资源化利用的途径：①废物回收利用，包括分类收集、分选和回收；②废物转换利用，即通过一定技术，利用废物中的某些组分制取新形态的物质；③废物转化能源，即通过化学或生物转换，释放废物中蕴藏的能量，并加以回收利用，如垃圾焚烧发电或填埋产生的气体发电等。

（一）工业固体废物资源化利用的途径

工业固体废物资源化利用的途径，经常是先破碎后分选。破碎是为了使进入焚烧炉、填埋场、堆肥系统等废物的外形减小，预先对固体废物进行破碎处理，经过破碎处理的废物，由于消除了大的空隙，不仅尺寸大小均匀，而且质地也均匀，便于分选和处置。

固体废物分选是实现固体废物资源化、减量化的重要手段，通过分选将有用物质充分选出来加以资源利用。分选的基本原理是利用物料的某些性质方面的差异，将其分离开。例如，利用物料的磁性和非磁性差别进行分离；利用物料粒径尺寸差别进行筛选分离；利用物料比重差别进行重力分选分离等。根据不同性质，可设计制造各种机械对固体废物进行分选。分选方法包括手工拣选、筛选、重力分选、磁力分选、浮游分选、涡电流分选、光学分选等。

（二）农业固体废物资源化利用的途径

农村生活垃圾固体废物资源化利用可以采用堆肥法处理。生物处理技术是利用微生物分解固体废物中可降解的有机物，从而达到无害化或综合利用。

堆肥法是处理农村生活垃圾一种非常环保的技术，投资较低，技术简单、可消除有害病菌的传播，有机物分解后可作为肥料再利用从而达到资源的循环利用，垃圾减量明显。

（三）城市生活垃圾资源化利用的途径

第一，焚烧处理城市生活垃圾是资源化利用的途径之一，高温破坏和改变固体废弃物组成和结构，同时达到减容、无害化和综合处理的目的。

第二，堆肥作为生物处理技术之一，对城市垃圾分类要求高。目前，我国城市生活垃圾为混合收集，杂质含量高，难以采用堆肥法处理。

第三，垃圾分类回收是城市生活垃圾资源化利用的另一种途径。分类回收大范围资源化综合利用可得到事半功倍之效。回收工作取决于垃圾分类的程度和垃圾的累积量，垃圾分类回收具有较高的经济价值。

（四）建筑垃圾资源化利用的途径

建筑垃圾中的许多废物经分拣、剔除或粉碎后，大多是可以作为再生资源重新利用的，如废钢筋、废铁丝、废电线和各种废钢配件等金属制品，经分拣、集中、重新回炉后，可以再加工制造成各种规格的钢材。

鉴于目前我们国家固体废物资源化利用率不高，应该从生产源头控制固体废物排放量。主要措施包括：①改革生产工艺，控制好源头；②采用精料，开展清洁生产；③提高产品质量和使用寿命，使其不过快地变成废物；④发展物质循环利用工艺，削减固体废物排放量；⑤综合利用，变废为宝；⑥无害化处理处置，处理好“终态物”。

第5节 危险废物及其处理处置

案例 4-5

2010 年 3 月 10 日至 2012 年上半年期间，林某擅自将公司冶炼铁矿石产生的大量固态颗粒状铁砂石废渣贩卖给张某。张某明知铁砂石废渣中含有铬、镍等重金属，在未采取有效防护、处理措施的情况下，将购得的铁砂石废渣倾倒在某村空地上进行存放及销售，直至 2013 年 6 月 28 日被镇环保分局查获，并对涉案的 4.98 吨铁砂石废渣进行取样检测。检测结果显示，送检样品均为具有浸出毒性特征的危险废物。法院最终判决，被告人张某和林某犯污染环境罪，分别判处有期徒刑 10 个月，缓刑 1 年，并处罚金 2 万元。

问题： 1. 同学们知道什么是危险废物吗？

2. 对于危险废物我们应该如何处理呢？

一、危险废物的概念、种类及来源

(一) 危险废物的概念

凡能引起或导致人类与生物死亡或严重疾病的废物称为危险废物(或有毒有害废物)。危险废物具有某种特殊的物理、化学和生物毒害性质，一旦扩散至环境中，将对人体健康和生态系统造成极为严重的危害，危害程度因接受途径和接触程度而异。

随着社会发展的加快，重工业、化工、医药等行业在生产过程中排放的危险废物日益增多。2015 年，我国危险废物超过 1 亿吨。由于危险废物带来的严重污染和潜在的严重影响，在工业发达国家的公众对危险废物问题十分敏感，反对在居民区设立危险废物处置场，加上危险废物的处置费用高昂，一些公司极力试图向工业发展中国家和地区转移危险废物。

鉴于其毒性对人类与环境的严重危害，各国对此类废物的产生、运输、管理与处置均有严格要求，许多国家制定了统一的管理法规。不同的国家和组织对危险废物的定义又各有不同的表述，联合国环境署把危险废物定义为："危险废物是指除放射性以外的那些废物(固体、污泥、液体和利用容器的气体)，由于它的化学反应性、毒性、易爆性、腐蚀性和其他特性引起或可能引起对人体健康或环境的危害，不管它是单独的或与其他废物混在一起，不管是产生的或是被处置的或正在运输中的，在法律上都称危险废物。"而世界卫生组织的定义是："危险废物是一种具有物理、化学或生物特性的废物，需要特殊的管理与处置过程，以免引起健康危害或产生其他有害环境的作用。"我国在《中华人民共和国固体废物污染环境防治法》中将危险废物规定为："列入国家危险废物名录或者根据国家规定的危险废物鉴别标准和鉴别方法认定的具有危险特性的废物"。

(二) 危险废物的种类与来源

危险废物根据物理相态、产生形式、产生源、化学组成等分类原则可以分为不同的类别。

根据物理相态分，危险废物可以分为固态、液态和气态。按照产生形式分，可分为：生产和生活过程中产生的无法用于其他用途的副产品；原有使用价值已经失去的原料或产品，如过期药剂或包装；生产过程中产生的不能作为产品的残次品。按照产生源分，危险废物可分为工业源废物和社会源废物。按照物质化学成分分，危险废物又可分为无机危险废物、油类危险废物、有机危险废物、其他有害废物等。

不同种类的危险废物，其危害特性亦不尽相同，大体可分为易燃性、腐蚀性、化学反应性、浸出毒性、急性毒性、放射性与其他毒性等。因此，根据这些特性，世界各国都制定了各自的鉴别标准和危险废物名录。按照2016年环境保护部部务会议通过的《国家危险废物名录》，我国把危险废物分为46类。同时制定《危险废物豁免管理清单》列入豁免管理清单的废物共16种/类，在所列的豁免环节，且满足相应的豁免条件时，可以按照豁免内容的规定实行豁免管理。

危险废物的来源极其广泛，随着人们对合成物质性质的了解和对环境问题认识的加深，所认识到的危险废物的范围也逐渐扩大。危险废物不再只是工业生产的产物，虽然危险废物的主要来源还是工业，但是还包括日常生活、商业机构、农业生产、医疗服务，甚至还包括不完善的环保设施等。其中主要的来源行业有化学工业、炼油工业、金属工业、采矿工业、机械工业、医药行业等。

二、危险废物的危害、管理和主要处理办法

（一）危险废物的危害

在无毒无害固体废物、城市生活垃圾（亦称城市固体废物）和危险废物三大类中，危险废物是最难处置的一类。这是由于危险废物具有的毒性、滞后性、化学反应性、不可稀释性、易爆易燃性、腐蚀性、传染性等特性，导致其对生态环境的破坏性极强，而且会严重危害人类的身体健康。如果不能够加以管理和控制，危害程度会非常严重。它的主要表现为以下几个方面。

第一，对人类身体健康有严重影响。危险废物中有许多有害化学物质，不注意危险废物的处置处理，人类在反复接触过程中，会导致人类的细胞突变，身体畸形，甚至细胞癌变等；更直接一些，如果在空气中无意吸入某些危险废物，会引起人体的中毒反应。

第二，导致生态环境受到破坏。人们如果不注意危险废物的处置处理，肆意排放到环境中，经过长时间的生态循环，有害物质会流入江河、土壤中，会破坏生态平衡，污染生态环境。

第三，对可持续发展产生约束，并且阻碍大自然的自我恢复。对危险废物的处置处理不完全或者不规范，会受到大自然污染严重的反馈，如雾霾天气。而且，其危害一旦升级，将有可能引起广泛的中毒疫情和化学污染事故，甚至混合的危险废物会产生化学反应，形成自燃或者爆炸等灾害，如危害太过严重，会使大自然的自我恢复作用受到影响，导致恢复过慢，甚至无法自我恢复。

（二）危险废物管理的发展趋势

目前，我国有关城市生活垃圾的处理技术、规范和标准已比较完善，处理设施比较普遍，但是危险废物的处理仍然处于初级阶段，收集与处理设施较少。2016年11月7日国务院常务会议通过《中华人民共和国固体废物污染环境防治法》修正版。规范与标准还未建立起来。然而，危险废物的数量正在迅速增加，年产量逐年上升，因此，危险废物的污染防治工作已经成为我国环境保护工作的重点和难点，开始受到各级政府、科技界、产业界和环境保护企业界的重视。目前，危险废物管理的发展趋势大致有以下三个方向。

1. 危险废物量最小化　危险废物管理的最佳选择是避免危险废物的产生，因此未来危险废

物的管理重点是如何通过绿色产品设计、清洁生产来降低危险废物的源头产生量。其次是通过循环经济不断提高危险废物的资源化水平，减少危险废物的最终处置量。一方面需要进行技术开发，另一方面要通过运用市场机制和价格杠杆作用，促进危险废物的减量化，例如税收。

2. 危险废物经营活动的专业化与市场化　通过许可证规范危险废物的收集、贮存、利用、处理处置等经营活动是有效地管理模式，可以积极调动社会资本和市场力量，发挥市场的资源优化与配置作用。

3. 危险废物环境管理的信息化、网络化　建立完整的危险废物现代化安全管理体系必然要符合信息化和网络化的要求。一个网络化的危险废物环境管理信息系统，在危险废物产生者、收集者、运输者、经营者、各级环境管理部门、其他管理部门及社会公众之间搭建起一个虚拟的信息平台，既有利于提高办事效率、降低社会成本，也便于监督管理。

危险废物环境管理的信息化是实现全过程管理的重要保证，也是危险废物环境管理的必然趋势。

（三）危险废物主要的处理办法

对于某种废物选择哪种最佳的、实用的方法与诸多因素有关，如废物的组成、性质、状态、气候条件、安全标准、处理成本、操作及维修等条件。虽然有许多方法都能成功地用于处理危险废物，但是常用的处理方法仍归纳为物理处理、化学处理、生物处理、热处理和固化处理。

1. 物理处理　物理处理是通过浓缩或相变化等物理方法改变固体废物的结构，使之成为便于运输、贮存、利用或处置的形态，包括压实、破碎、分选、增稠、吸附、萃取等方法。

2. 化学处理　化学处理是采用化学方法破坏固体废物中的有害成分，从而达到无害化，或将其转变成为适于进一步处理、处置的形态。其目的在于改变处理物质的化学性质，从而减少它的危害性。这是危险废物最终处置前常用的预处理措施，其处理设备为常规的化工设备。

3. 生物处理　生物处理是利用微生物分解固体废物中可降解的有机物，从而达到无害化或综合利用。生物处理方法包括好氧处理、厌氧处理和兼性厌氧处理。与化学处理方法相比，生物处理在经济上一般比较便宜，应用普遍，缺点是处理过程所需时间长，处理效率不够稳定。

4. 热处理　热处理是通过高温破坏和改变固体废物组成和结构，同时达到减容、无害化或综合利用的目的。其方法包括焚化、热解、湿式氧化以及焙烧、烧结等。热值较高或毒性较大的废物采用焚烧处理工艺进行无害化处理，并回收焚烧余热用于综合利用和物化处理以及职工洗浴、生活取暖等，减少处理成本和能源的浪费。

5. 固化处理　固化处理是采用固化基材将废物固定或包覆，以降低其对环境的危害，是一种较安全的运输和处置废物的处理过程，主要用于有害废物和放射性废物，固化体的容积远比原废物的容积大。

各种处理方法都有其优缺点和对不同废物的适用性，由于各种危险废物所含组分、性质不同，很难有统一模式。针对各废物的特性，可选用适用性强的处理方法。

（四）危险废物最终处置方法

固体废物的最终处置方法有堆存法、填埋法、土地耕作法、深井灌注法和海洋处置法。堆存法和土地耕作法对废物成分有一定要求，一般用于处置不溶解、不扬尘、不腐烂变质、不含重金属等不危害周围环境的固体废物，对有毒、有害物质不可施用，以防其进入生态循环系统；

深井灌注方法需要将固体废物液化，形成真溶液或乳浊液，主要用于处置难于破坏、难于转化、不能采用其他方法处置或采用其他方法费用昂贵的废物。目前土地填埋法已成为固体废物最终处置的一种重要方法(图 4-10)，危险废物填埋技术的市场正在萎缩。国外已经开始研发和使用替代技术，如地下盐矿危险废物处置场，深井灌注技术，遮断型填埋场等。

危险废物是一类特殊的废物，不但污染空气、水源和土壤，而且通过各种渠道危害人体健康与环境。危险废物影响环境的途径很多，以其产生、运输、贮存、处理到处置的各个过程，都可能对环境造成重大危害。因此，在危险废物处理系统的各个环节中，必须从安全角度考虑，对危险废物处理系统进行安全设计。

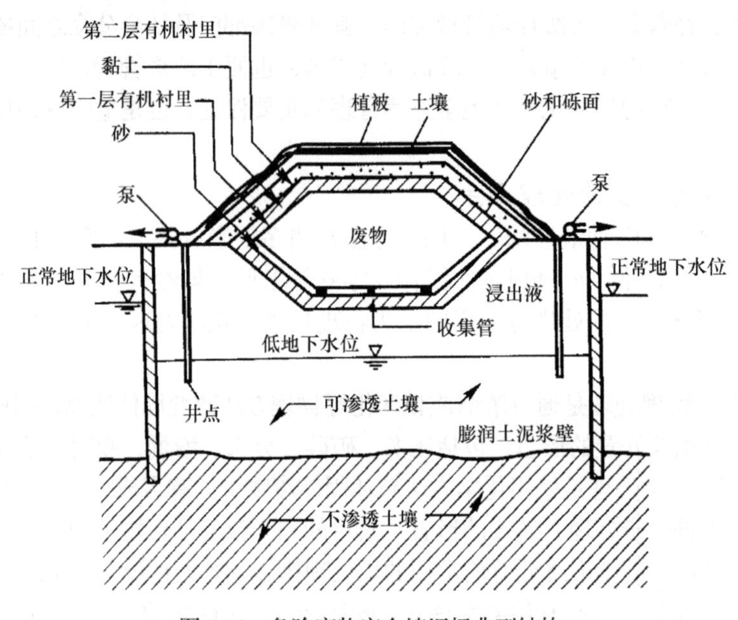

图 4-10　危险废物安全填埋场典型结构

第 6 节　环境噪声污染及防治

案例 4-6

1999 年 11 月，孙某起诉某投资公司(第一被告)和某公路发展公司(第二被告)至一审法院称：1992 年 11 月，我家被第一被告人拆迁后安置到现址居住。发现该楼临近高速公路，噪声污染非常严重(后经某环境保护监测站对原告住宅进行三处测点的环境噪声监测，噪声值分别为 78.4、77.3 和 69.2dB(分贝)。该地区属《城市区域环境噪声标准》中规定的 4 类区域，昼间环境噪声最高限值为 70dB，夜间环境噪声最高限值为 55dB。)，日常生活和学习受到严重干扰，身心健康受到伤害。要求第一被告和第二被告限期采取减轻噪声污染的措施，将住房内噪声值降到标准值以下，同时赔偿入住 75 个月以来的噪声扰民补偿费 4500 元(每月 60 元)。

问题：你家的居住环境噪声多少分贝？超标了吗？

声音是人类传递信息的载体之一。随着人群生活和生产的频繁和多样化，出现了一些过响的、妨碍休息与思考的、令人感到不愉快的声音，超过国家规定的环境噪声排放标准，并干扰他人正常工作、生活和学习的现象称为环境噪声。噪声给周围环境造成的不良影响叫作噪声污染。

一、噪声污染的来源及分类

(一)噪声的来源及分类

声音是由物体振动而产生的，所以把产生振动的固体、液体和气体通常称为声源。声音能通过固体、液体和气体介质向外界传播，并且被感受目标所接收。在声学中把声源、介质和接收器称为声音的三要素。

产生噪声的声源很多，按其污染源种类来区分，有交通运输噪声、工业噪声、建筑施工和社会生活噪声。

1. 交通运输噪声 交通运输噪声是由各种交通运输工具在行驶中产生的。许多国家的调查结果表明，城市噪声有 70%来自交通噪声。载重汽车、公共汽车、拖拉机等车辆的行进噪声89～92dB，汽车喇叭为 105～110dB(距行驶车辆 5m 处)。市区内这些噪声平均值都超过了环境的最高允许值(70dB)，干扰了人们的正常生活和工作。

2. 工业噪声 工业噪声是指工厂在生产过程中由于机械振动、摩擦、撞击及气流扰动而引起的噪声。我国工业企业噪声调查结果表明，一般电子工业和轻工业的噪声在 90dB 以下，机械工业企业噪声为 80～120dB，风镐、大型鼓风机在 120 dB 以上。这些声音传到居民区常常超过 90dB，严重影响居民的正常生活。

3. 社会生活噪声 社会生活和家庭生活的噪声也是普遍存在的，如宣传用的高音喇叭、电视机、家庭影院音响发出的声音都对邻居产生影响。随着人们生活水平的提高，家庭常用的设备如洗衣机、除尘器、抽水马桶等产生的噪声已引起了人们的广泛重视。这些噪声虽然对人体没有造成直接危害，但是能干扰人们的正常的谈话、工作、学习和休息。

(二)噪声的主要特征

噪声与工业“三废”一样，也是危害人类环境的公害。首先，噪声的突出特征是，其判定与受害者的生理、心理因素有直接关系，对某些人是喜欢的声音，对另一些人则可能是噪声。其次，噪声具有时间和空间上的局限性。声音在空气中传播时衰减较快，往往其影响的范围有限且较小。再次，噪声具有时间和空间上的分散性，不积累、不持久。噪声源往往不是单一的，具有分散性，同时一旦噪声源停止发声，噪声污染也立即停止。

二、噪声污染的危害及防治方法

(一)噪声的危害

1. 对听力的影响 长期在噪声环境下工作，人的听力将会受到影响乃至损伤，美国对工作40 年的人由噪声导致耳聋发病的具体统计结果见表 4-5。

表 4-5 工作 40 年后噪声性耳聋发病率

噪声/dB	美国统计/%
80	0
85	8
90	18
95	28
100	40

由表 4-5 可见，80dB 以下工作的人一般不导致耳聋，但 80dB 以上，每增加 5dB，噪声性耳聋发病率增加 8%、10%、10%、12%。

2. 对心理的影响　噪声对人的心理影响主要表现为，吵闹的噪声使人讨厌、烦躁，精神不集中，影响工作效率，妨碍休息和睡眠等，分散人的注意力，易发生工伤事故。

3. 对生理的影响　如果人们暴露在 140～160dB 的高强度噪声下，就会使听觉器官发生急性外伤，引起鼓膜破裂流血，螺旋体从基底急性剥离，双耳完全失听。长期在强噪声下工作的工人，除了耳聋外，还有头昏、头疼、神经衰弱、消化不良等症状，或进一步引起高血压和心血管疾病等。噪声还会使少年儿童的智力发展缓慢，对胎儿也会造成危害。

4. 噪声对睡眠的影响　噪声可直接影响睡眠的质量和数量。连续噪声可以加快熟睡到浅睡的回转，使人熟睡的时间缩短；突发的噪声可使人惊醒。40dB 的连续噪声可使 10%的人睡眠受到影响，70dB 时可使 50%的人受影响；突然噪声达 40dB 时，使 10%的人惊醒；60dB 时，使 70%的人惊醒。

5. 噪声对正常交谈、思考的影响　噪声能掩蔽讲话的声音而影响正常交谈、通信，也能掩蔽危险信号、警报信号，影响工作安全，导致事故和工伤。噪声对交谈的干扰实验结果见表 4-6。

表 4-6　噪声对交谈的影响

噪声/dB	主观反应	保证正常讲话距离/m	质量	噪声/dB	主观反应	保证正常讲话距离/m	质量
45	安静	10	很好	75	很吵	0.3	差
55	稍吵	3.5	好	85	太吵	0.1	非常差
65	吵	1.2	差				

（二）噪声的防治

1. 噪声控制的基本原理及技术　噪声的传播一般有三个因素：噪声源、传播途径和接受者。传播途径包括反射、衍射等各种形式的声波传播行进过程。只有当声源、声的传播途径和接受者三个因素同时满足时，噪声才对人造成干扰和危害。因此，控制噪声必须从上述三个因素入手。

(1) 声源控制技术。控制噪声的根本途径是对声源进行控制。有效方法是降低辐射声源功率。在工矿企业中，经常可以遇到各种类型的噪声源，它们产生噪声的机制各不相同，所采用的噪声控制技术也不尽相同。

(2) 传播途径控制技术。由于技术和经济上的原因，有时从声源上控制噪声难以实现，就要从传播途径上考虑降噪措施了。通常采取的方法有：

1) 吸声降噪。当声波入射到物体表面时，部分入射声波能被物体表面吸收而转化成其他形式的能量，比如振动，这种现象叫作吸声。吸声降噪是一种在传播途径上控制噪声强度的常用方法。物体的吸声作用是普遍存在的，吸声的效果不仅与吸声材料自身有关，还与所选的吸声结构有关。这种技术主要用于室内空间。

2）消声降噪。消声器是一种既能使气流通过又能有效地降低噪声的设备。通常可用于降低各种空气动力设备的进出口或沿管道传递的噪声。例如在内燃机、通风机、鼓风机、压缩机、燃气轮机，以及各种高压、高气流排放的噪声控制中广泛使用。不同消声器的降噪原理不同，常用的消声技术有阻性消声、抗性消声、复合性消声等。

3）隔声降噪。把产生噪声的机器设备封闭在一个小的空间，使它与周围环境隔开，以减少噪声对环境的影响，这种做法叫作隔声。常见的隔声结构有隔声室、隔声墙、隔声幕、隔声门等，这些隔声设备结构不同，其隔声降噪原理基本相同。

（3）接受者的个人防护技术。除了首选通过声源控制、传播途径控制降低工作环境噪声外，做好个人噪声防护也非常有效，常用防护用品有防声耳塞、防声棉、防声帽盔、防护耳罩等，可降低噪声 10～30dB，效果明显。

2. 城市噪声的综合防治　城市噪声控制需要系统性规划并全面落实，综合防治措施可采取以下对策。

（1）科学规划城市建设，合理划分噪声区域。统筹考虑城市噪声布局，对城市已建成的区域噪声进行划分，多建设绿化带等屏障降噪。根据不同使用目的和建筑物的噪声标准，选择建筑物的位置，确定学校、住宅区和工厂区的合适地址，做到科学规划。

（2）加强城市噪声监控和管理，严格按照噪声控制标准和规范监督、落实相关管理办法。对市内噪声源企业噪声未采取消声处理者、消声设施陈旧超标者，要严格监督、整改。

（3）加强宣传教育，发动公众共同行动。适度控制城市人口密度的过快增长，提高人文素养，实现共同降噪，共创一片宁静的天空。教育受声敏感的人群，在工作生活中学会并加强自身降噪，佩戴防声设施，做好个人防护。

（4）加强噪声控制技术的研究和开发，研发并推广更高效的生产交通降噪设备、更便携的防护设施，在技术上实现更好的降噪效果。

小　结

通过本章的学习，重点掌握大气污染、水污染、土壤污染、固体废物、危险废物、噪声污染的概念等，掌握大气污染、水污染、土壤污染、固体废物、危险废物、噪声污染的来源和危害，熟悉相关防治知识和方法。

1. 什么是大气层？
2. 何谓大气污染？大气污染的危害有哪些？

3. 有哪几种主要的大气污染物？举出两种，说明其来源及危害。
4. 什么是雾霾？简述雾霾产生的原因。
5. 试述减少交通大气污染的技术措施。
6. 雾霾对人体有哪些伤害？
7. 试述绿化造林与防治大气污染的关系。
8. 什么是水污染？
9. 水体污染物质有哪几类？
10. 水体污染物的来源有哪些？是如何分类的。
11. 简要介绍主要水体污染物的危害。
12. 什么是水体自净作用？
13. 什么是土壤污染？
14. 简述我国土壤污染的现状。
15. 土壤污染有哪些典型特点？
16. 土壤污染的主要来源及危害有哪些？
17. 简述我国治理土壤污染的主要措施。
18. 固体废物如何分类？
19. 固体废物的产生来源有哪些？
20. 矿业固体废物资源化利用的途径有哪些？
21. 简述危险废物的种类与来源。
22. 简述危险废物的危害。
23. 噪声污染的控制技术有哪些？
24. 你生活的环境中有哪几类噪声污染？
25. 如何防治噪声污染？

第5章 环境监测与评价

环境监测和环境质量评价是运用现代科学技术手段对代表环境污染和环境质量的各种环境要素的监控和测定，从而科学地评价环境质量及其变化趋势。在监测和评价中需要用到哪些基本理论、技术和方法呢？带着问题，让我们来学习相关内容和知识要点，培养环境监测和评价工作的基本技能。

第1节 环境监测

案例 5-1

2018 年 3 月，第十三届全国人民代表大会批准成立中华人民共和国生态环境部，其中生态环境监测司是生态环境部内设机构之一，主要职责为组织开展环境监测工作。实际监测中，则要严格按照监测程序和标准进行，比如青岛的空气质量监测，在仰口、四方区子站、城阳区子站、崂山区子站、市北区子站、市南区东部子站、市南区西部子站、李沧区子站、黄岛区子站等 9 个地方设置了监测点，并将数据进行科学计算后方能用于空气质量播报。

问题： 1. 什么是环境监测？

2. 环境监测工作的主要内容是什么？

3. 简要叙述环境监测的程序与主要方法。

一、环境监测的概念与原则

（一）环境监测

环境监测，是指环境监测机构对环境质量状况进行监视和测定的活动。环境监测是通过对人类和环境有影响的各种物质的含量、排放量的检测，跟踪环境质量的变化，确定环境质量水平，为环境治理等工作提供基础和保证。

环境监测是科学管理环境和环境执法监督的基础，是环境保护必不可少的基础性工作。

（二）环境监测的原则

由于环境中污染物质种类繁多，且同一种物质亦会以不同的形态存在，并且环境监测还会受到人力、监测手段、经济条件和设备仪器等的限制，因此，环境监测不能监测分析所有的污染物。环境监测应根据需要和可能，坚持以下原则。

1. 质量优先和实用性原则　监测的目的是为了评价环境质量和保证环保措施的实施，监测数据不是越多越好，而是越有用越好，检测手段不是越现代越好，而是越准确、可靠、实用越好。因此，在进行环境监测时，在确保监测质量要求下，尽可能做到经济、实用。

2. 优先控制污染物优先监测原则　优先控制污染物包括：毒性大、危害严重、影响范围广的污染物质；数量呈上升趋势，对环境具有潜在危险的污染物；具有广泛代表性的污染物质。另外，对优先监控的污染物一般应具有相对可靠的测试手段和分析方法，能获得正确的测试数据；并已有规定环境标准和评价标准，能对监测数据做出正确的判断。

3. 统一安排，合理布局原则　环境问题的复杂性决定了环境监测的多样性，为了使所有测得的少数数据能确切地反映环境质量，要对监测布点、采样、分析测试及数据处理做出合理安排。

二、环境监测的目的和任务

环境监测的核心目标是提供环境质量现状及变化趋势的数据，判断环境质量，评价当前主要环境问题，为环境管理服务。它主要涉及以下任务。

第一，根据环境质量标准，评价环境质量。

第二，根据污染的特点、分布情况和环境条件，追踪寻找污染源、提供污染变化趋势，为实现监督管理、控制污染提供依据。

第三，收集本底数据，积累长期监测资料，为研究环境容量、实施总量控制、目标管理、预测预报环境质量提供数据。

第四，为保护人类健康、保护环境，合理使用自然资源，制定环境法规、标准、规划等服务。

三、环境监测的内容和分类

（一）根据监测对象划分

环境监测内容可分为水污染监测、大气污染监测、固体废物监测、生态监测、物理污染监测等。

1. 水污染监测　水污染监测分环境水体监测和废水监测两部分。其主要监测项目大体可分为两类：一类是反映水质污染的综合指标，如温度、色度、pH 值、电导率、悬浮物、溶解氧（DO）、化学需氧量（铬法）(COD_{Cr})和五日生化需氧量(BOD_5)等；另一类是一些有毒害性的物质含量，如酚、氰、砷、铅、铬、镉、汞、镍、有机农药等。

2. 大气污染监测　大气污染监测总体上包括大气中污染物的监测、大气降水中污染物的监测和气象条件监测。

大气污染物以分子状态和粒子状态两种形态存在于大气中，分子状态的污染物监测项目主要 SO_2、NO_2、CO、HCN、NH_3、有碳氢化合物、卤化氢、氧化剂、甲醛、挥发酚等物质的含量。常规的粒子污染物的监测项目有总悬浮颗粒（TSP）、灰尘自然降尘量、尘粒的化学组成（铬、铅、砷化合物等）。

大气降水监测内容是以降雨（雪）形式从大气中沉降到地球表面的沉降物的主要成分和性质，监测项目主要有pH 值，电导率 K^+、Na^+、Ca^{2+}、Mg^{2+}、NH_3、SO_4^{2-}、NO_3^-、Cl^- 等的含量。

气象监测主要测定影响污染物的气象因素，如风向、风速、气温、气压、降雨量，以及与光化学烟雾形成有关的太阳辐射、能见度等方面情况。

3. 固体废物和生物监测　固体废物主要包括工业固体废物和城市垃圾等。固体废物监测是指监测固体废物的有害性质和有害成分对土壤、水体、空气和动植物的危害，如固体废物中的铬、铅、镉、汞等重金属在自然条件下的浸出，农药残留在农作物中。生物监测指污染物导致动植物的变化的监测，如水生生物监测、植物对大气污染反应及指示作用的监测、生物体内的有害物质的监测、环境致突变物的监测等。具体监测项目依据需要而定，如砷、镉、汞、有机农药等的含量。

4. 物理污染监测　物理污染监测是指对造成环境污染的噪声、振动、电磁辐射、放射性等物理能量进行监测。物理污染对人体的损害并非立刻显现，且很多时候人体并无感觉，如果超过其阈值会直接危害人的健康，尤其是放射性物质所发出的α、β、γ 射线对人体损害很大。

(二)根据环境污染的来源和受体分类

环境监测的内容可分为三个方面：污染源监测、环境质量监测、环境影响监测。

1. 污染源监测　污染源监测主要监测内容是人为污染源，即由于人类活动造成的环境破坏的污染源。污染源监测主要用环境监测手段确定污染物的排放来源、排放浓度、污染物种类等，为控制污染源排放和环境影响评价提供依据，同时也是解决污染纠纷的主要依据。

2. 环境质量监测　环境质量监测通常指环境空气质量监测和水环境质量监测。环境空气质量监测不但监测环境中的污染物，由于气象因素影响很大，因此还要同时测定气象参数，如温度、湿度、风速、风向、逆温层高度、大气稳定度等。水环境质量监测包括海洋、河流、湖泊、水库等地表水和浅层的地下水监测，同时应包括监测水中的悬浮物、溶解物质及沉积物等，还应测定水文条件。

3. 环境影响监测　环境污染受体(人、动植物、土壤、建筑物、设备等)可能受到大气污染物、水体污染物、固体废物、噪声等的危害，为此而进行的监测称为环境影响监测。这类监测可以是连续的，也可以是定点的。

四、环境污染和环境监测的特点

环境污染是各种污染因素本身及其相互作用的结果。同时，环境污染还受社会评价的影响而具有社会性。它的特点可归纳如下：

1. 时间分布性　污染物的排放量和污染因素的强度随时间而变化。

2. 空间分布性　污染物和污染因素进入环境后，随着水和空气的流动而被稀释扩散。不同污染物的稳定性和扩散速度与污染物性质有关，不同空间位置上污染物的浓度和强度分布是不同的。

3. 环境污染与污染物含量的关系　有害物质引起毒害的量与其无害的自然本底值之间存在一界限，所以，污染因素对环境的危害有一阈值。对阈值的研究，是判断环境污染及污染强度的重要依据，也是制定环境标准的科学依据。

4. 污染因素的综合效应　环境是一个复杂体系，必须考虑各种因素的综合效应。在含有毒或有害物质的环境中，只含单独一种物质的情况是很少的，经常是两种或两种以上有毒有害物质同时存在，这些同时存在的污染物质除各自造成环境污染外，它们对环境污染还会起到综合效应。在研究环境质量时，除了应用环境标准对每种污染物评价外，还需要考虑污染物之间的综合效应。

5. 环境污染的社会评价　环境污染与社会制度、文明程度、技术经济发展水平、民族的风俗习惯、科学、法律等问题有关。某些具有潜在危险的污染因素，因其表现为慢性危害，往往不引起人们注意，而某些现实的、直接感受到的因素容易受到社会重视。

五、环境监测污染物分析方法

环境污染物常处于痕量级甚至更低，并且基体复杂，流动变异性大，又涉及空间分布及变化，所以要求分析方法有较高的灵敏度、准确度、分辨率和分析速度。目前环境监测方法大致有四类：化学分析法、光学分析法、色谱分析法和生物监测法。下面对这些方法作一些简单介绍。

（一）化学分析法

化学分析法是以化学反应为基础确定待测物质含量的方法。一般包括质量法、滴定法和目视比色法。其中滴定法用途最广，以下主要介绍滴定法。

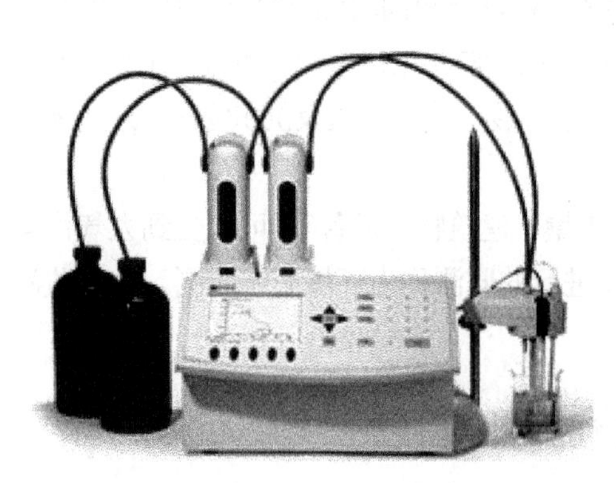

图 5-1　自动滴定仪

滴定分析是将一种已知准确浓度的试剂溶液滴加到一定量的待测溶液中，直到所加试剂与待测物质定量反应为止，然后根据试剂溶液的浓度和用量，利用化学反应的计量关系计算待测物质含量的方法。现在比较普遍使用的微电脑自动滴定仪如图 5-1 所示。滴定分析通常用于测定常量组分，即被测组分含量一般在 1%以上，有时也可以测定微量组分。

适合滴定分析法的化学反应，应符合下列要求：

（1）反应必须按化学式计量关系定量进行，能进行完全（达到 99.9%以上），没有副反应。这是定量计算的基础。

（2）反应速度要足够快，以适应滴定的需要。对速度较慢的反应，可通过加热或加入催化剂等方法来加快反应速度。

（3）要有适当的指示剂或其他物理化学方法来确定反应的化学计量点。按这些要求，也可将一些反应条件加以改变，使之满足滴定分析要求。

凡是能满足上述要求的反应，都可以进行直接滴定。

（二）光学分析法

根据物质的光学性质所建立的光学分析法主要包括分光光度法、光谱分析法等。

1. 分光光度法　分光光度法是基于物质对光的选择性吸收而建立起来的分析方法，包括比色法、可见光光度法、紫外分光光度法和红外光谱法。以下重点介绍可见光的分光光度法。

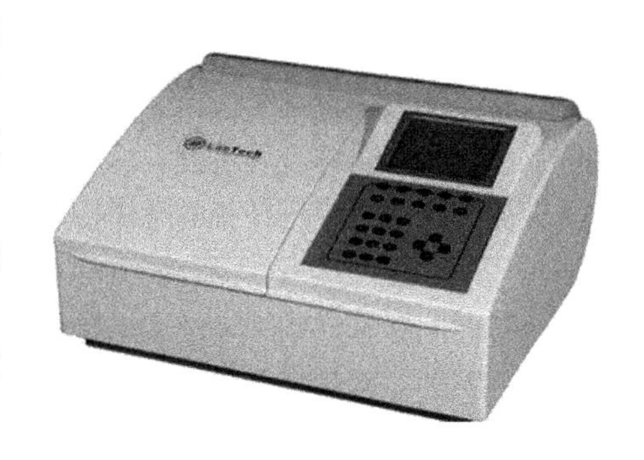

图 5-2　分光光度计

许多物质是有颜色的，而有色溶液颜色的深浅与这些物质的含量有关。溶液愈浓，颜色愈深。因此，可用比较颜色的深浅来测定物质的含量，这种测定方法就称为比色分析法。随着现代测试仪器的发展，目前已普遍使用分光光度计进行比色分析，如图 5-2 所示。这种方法所测试液的物质含量下限可达 10^{-6}～10^{-5} mg/L,具有较高的灵敏度，适用于微量组分的测定。

分光光度法测定的相对误差为 2%～5%，可以满足微量组分测定对准确度的要求。另外，分光光度法具有选择性好、测定迅速、仪器操作简单、应用范围广等特点，几乎所有的无机物质和许多有机物质都能用此法进行测定。因此，分光光度法对环境监测有极其重要意义。

2. 光谱分析法　光是一种电磁波，光谱是复色光经过色散系统（如棱镜、光栅）分光后，被色散开的单色光按波长（或频率）大小而依次排列的图案，全称为光学频谱。根据物质的光谱来鉴别物质及确定其化学组成和相对含量的分析方法称为光谱分析法。由于不同物质的原子、离子和分子的能级分布是特征性的，则吸收光子和发射光子的能量也是特征性的，因此根据其特征性光谱的波长和强度可进行定性和定量分析。

光谱分析法分类很多，用物质粒子对光的吸收现象而建立起的分析方法称为吸收光谱法，如紫外-可见吸收光谱法、红外吸收光谱法和原子吸收光谱法等。利用发射现象建立起的分析方法称为发射光谱法，如原子发射光谱法和荧光发射光谱法等。

（三）色谱分析法

色谱分析法又称层析分析法，是一种分离测定多组分混合物的有效的分析方法。它基于不同物质在相对运动的两相中具有不同的分配系数，当这些物质随流动相移动时，就在两相之间进行反复多次分配，使原来分配系数只有微小差异的各组分得到很好的分离，依次送入检测器测定，达到分离、分析各组分的目的。

色谱法的分类方法较多，常按两相所处的状态来分。用气体作为流动相时，称为气相色谱；用液体作为流动相时，称为液相色谱或液体色谱。

（四）生物监测法

生物监测法又称生态监测法，是指利用生物对环境质量变化所产生的反应来阐明环境质量状况的技术方法。与其他环境监测方法相比，生物监测法主要通过生物对环境的反应，来显示环境污染对生物的影响，从而掌握环境污染物是否有害及危害程度。生物监测法主要有指示生物法、现场盆栽定点监测法、群落和生态系统监测法、毒性和毒理试验、生物标志物检测法、环境流行病学调查法，其中群落和生态系统监测法又包括污水生物系统法、微型生物群落法、生物指数法等。

六、环境监测系统

环境监测的过程通常包括背景调查、确定方案、优化布点、现场采样、样品运送、实验分析数据收集、分析综合等过程。总的来说，就是计划-采样-分析-综合的获得信息的过程。

监测方案是对监测任务的总体构思和设计。制订监测方案取决于监测的目的。首先必须进行实地污染调查，然后在调查研究的基础上，确定监测对象、监测项目，设计监测网点，合理安排采样时间和采样频率，选定采样方法和分析测定技术，提出监测报告要求，制订质量保证措施和方案的实施计划等。

（一）水质监测方案设计

水质监测是指对环境水体（包括地表水、地下水和近海海水）、工业生产废水和生活污水等水质状况进行监测。

地表水是河流、湖泊、水库、沼泽和冰川的总称，是人类生活用水的重要来源之一。在进行地表水监测时，应设置监测断面，也称采样断面，一般分为背景断面、对照断面、控制断面和消减断面。

根据我国水质监测规范要求，饮用水源地全年采样监测 12 次。对于较大水系干流和中、小河流，全年采样监测次数不少于 6 次。采样时间为丰水期、枯水期和平水期，每期采样两次。对于潮汐河流全年在丰、枯、平水期采样监测，每期采样两天，分别在大潮期和小潮期进行，每次应采集当天涨、退潮数据。

在进行工业生产废水监测时，废水采样点位设置在排污单位的外排口。原则上外排口应设置在厂界外，若设置在厂界内，溢流口及事故排水口必须能够纳入采样点位排水中。有毒有害污染物采样点位应设置在车间门口。若排放口为多个企业共用，采样点应设置在各企业排放废水未汇集处。若一个企业有多个排放口，应对每个排放口同时采样并测定流量。

废水采样也涉及采样时间和频次的问题，在采样前有必要对污染源的排放规律和污水中污染物浓度的时间、空间等变化进行详细的了解。对于监督性监测，废水的采样频次每年不少于一次，若排放单位被列为年度监测重点单位，采样频次应增加 2～4 次。

（二）大气和废气监测方案的设计

大气污染受时空、地理、地形、人口密度等因素的影响。大气采样的布点一般应遵循的原则有：采样点应设在整个监测区域的高、中、低三种不同污染物浓度的地方；采样点应疏密有别，在污染比较集中、主导风向比较明显时，污染源的下风向应布设较多的采样点，上风向布设少量点作为对照；采样点的周围应开阔，无局部污染源。采样口水平线与周围建筑物高度的夹角应不大于 30°，并应避开树木及吸附能力较强的建筑物；交通密集区的采样点应设在距人行道边缘至少 1.5m 远。另外，采样口高度应根据监测目的而定，如研究污染物对人体的影响，则采样口应在地面以上 1.5～2m 处。

1. 采样点数目　监测点数和密度的选择有两种方法，一是世界卫生组织（WHO）和世界气象组织（WMO）提出的按城市人口多少设置城市大气地面自动监测站的数目，见表 5-1。二是我国生态环境部规定的按城市人口数设置大气环境污染例行监测采样点的数目，见表 5-2。

表 5-1　WHO 和 WMO 推荐的城市大气自动监测站(点)数目

市区人口/万人	飘尘	SO_2	NO_x	氧化剂	CO	风向、风速
≤100	2	2		1	1	1
100～400	5	5	2	2	2	2
400～800	8	8	4	3	4	2
>800	10	10	5	4	5	3

表 5-2　中国大气环境污染例行监测采样点设置数目

市区人口/万人	SO_2、NO_x、TSP	灰尘自然降尘	硫酸盐化速率
≤50	3	≥3	≥6
50～100	4	4～8	6～12
100～200	5	8～11	12～18
200～400	6	12～20	18～30
>400	7	20～30	30～40

2. 布点方法　大气采样布点主要有以下几种方法。功能区布点法是将监测区域分为工业区、商业区、居住区、工业和居住混合区、交通稠密区和文化区等，在各功能区布设一定的采样点。网格布点法是将监测区域地面划分成若干均匀网状方格，采样点设在两条直线的交点处和网格中心，如图 5-3 所示。同心圆布点法是先确定污染群的中心，以此为圆心再作若干个同心圆，再从圆心引若干条放射线，将放射线与同心圆的交点作为采样点，如图 5-4 所示。扇形布点法是以点源所在位置为顶点，主导风向为轴线，在下风向地面上划出一个扇形区作为布点范围，如图 5-5 所示。

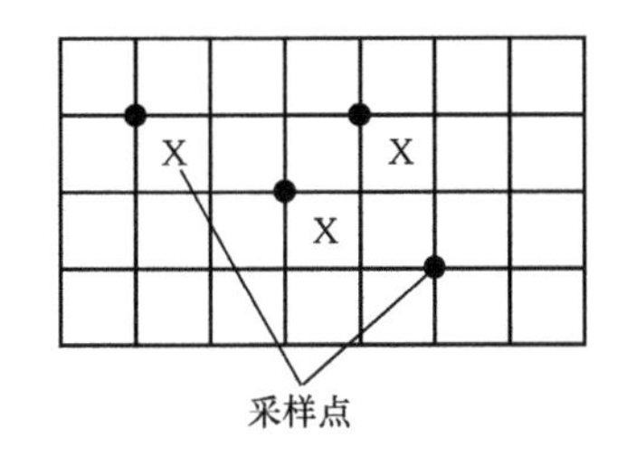

图 5-3　网格布点法

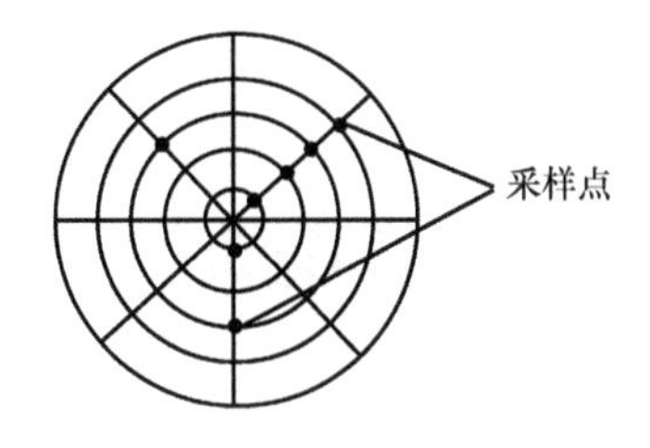

图 5-4　同心圆布点法

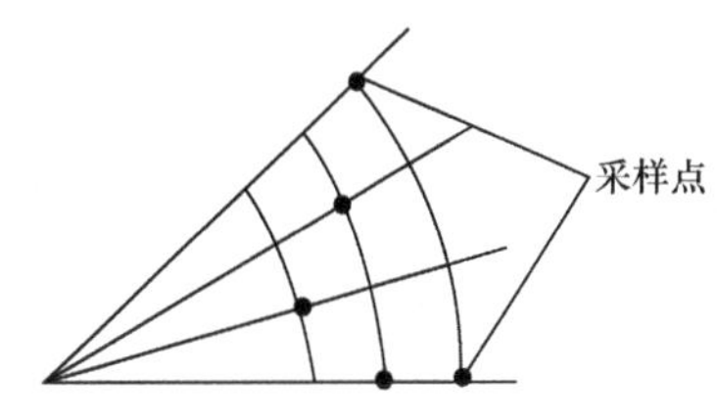

图 5-5　扇形布点法

3. 采样时间和采样频率　城市大气监视性监测有三种方法，即短时间或称“点”采样、时间较长的批量采样(一般为 24 小时)和为了求峰值的连续自动采样。中国监测技术规范对大气污染例行监测规定的采样时间和采样频率见表 5-3。

表 5-3 采样时间和采样频率

监测项目	采样时间和频率
二氧化硫含量	隔日采样，每天连续采样，每月 14～16 天，每年 12 个月
氮氧化物含量	隔日采样，每天连续采样，每月 14～16 天，每年 12 个月
总悬浮颗粒含量	隔双日采样，连续监测，每月监测 5～6 天，每年 12 个月
灰尘自然降尘量	每月采样，每年 12 个月
硫酸盐化速率	每月采样，每年 12 个月

4. 监测项目　空气污染监测项目包含受监测的空间和时间范围内空气中污染物的分布和有关气象参数。我国目前统一要求的空气常规监测项目见表 5-4。

表 5-4 空气污染常规监测项目

分类	必测项目	按地方情况增加的必测项目	选测项目
一般污染物监测	SO_2、NO_x、TSP、硫氧化物(测定硫酸盐化速率)含量，灰尘自然降尘量	CO、总氧化剂、THC、可吸入颗粒物、F(a)P、HF、Pb、光化学氧化剂含量	CS_2、Cl_2、HCl、HCN、NH_3、Hg、Be、铬酸雾、非甲烷烃、芳香烃、苯乙烯、酚、甲醛、甲基对硫磷、异氰酸甲酯等含量
空气降水监测	pH 值、电导率	K^+、Na^+、Ca^{2+}、Mg^{2+}、NH_4^+、SO_4^{2-}、NO_3^-、Cl^- 含量	

知识链接

环境监测自动化和污染物的在线监测等是环境监测的发展方向。环境监测自动化主要是使用计算机，利用互联网实现在线监控和管理。自动监测系统中许多监测站通过计算机连续分析记录和显示所监测区域的情况，遇到情况能及时报警，得到及时处理。目前，自动监测主要针对水质和大气质量监测，整个系统由多个自动水质监测站、多个自动空气监测站、在线计算机和遥测信息中心所组成。它能对多个空气参数和水质参数进行自动监测，由计算机和遥测信息中心接收各监测站输送来的空气和水质的参数。

第 2 节　环境质量评价

一、环境质量评价

(一) 环境质量和环境质量评价的概念

“环境质量”是环境科学的一个最重要的基本概念，而“环境质量评价”是环境科学的一个主要分支学科，同时也是环境保护工作的一个重要组成部分。本节我们将学习环境质量评价的基础知识。

环境质量是指环境系统的内在结构和外部所表现的状态对人类及生物界的生存和繁衍的适宜性。环境质量既包括环境的整体质量(综合质量)，也包括环境要素的质量，如大气环境质量、水环境质量、土壤环境质量和生态环境质量等。每一个环境要素可以用多个环境质量参数或者因素加以定性或定量的描述，而环境质量参数通常用环境介质中物质的浓度来描述。如用二氧化硫、一氧化碳、二氧化氮、臭氧等的浓度来描述某地的大气环境质量。

环境质量是相对的和动态变化的，在不同的地方、不同的历史时期，人类对环境适宜性的要求是不同的。

环境质量评价是按照一定的评价标准和评价方法，对一定区域内的环境质量进行说明、评价和预测。环境质量评价是认识和研究环境的一种科学方法，是对环境质量优劣的定量描述。从广泛的领域理解，环境质量评价是对环境的结构、状态、功能的现状进行分析，对可能发生的变化进行预测，对其与社会、经济发展的协调性进行定性或定量的评估等。一般环境质量评价可表示为：根据环境本身的性质和结构，环境因子的组成和变化，对人及生态系统的影响；按照不同的目的要求，一定的原则和方法，对区域环境要素的环境质量状况或整体环境质量合理划分其类型和级别，并在空间上按环境质量性质和程度上的差异划分为不同的质量区域。

(二) 环境质量评价的目的

环境质量评价的主要目的如下。

第一，较全面的揭示环境质量状况及其变化趋势。

第二，找出污染治理重点对象。

第三，为制订环境综合防治方案和城市总体规划、环境规划提供依据。

第四，研究环境质量与人类健康的关系。

第五，预测和评价拟建的工业或其他建设项目对周围环境可能产生的影响，即环境影响评价。

(三) 环境质量评价的分类

根据国内外对环境质量评价的研究，可以按时间、环境要素等不同方法对环境质量评价进行分类，其类型见表 5-5。

表 5-5　环境质量评价的分类

划分依据	评价类型
按发展阶段分(时间)	环境质量回顾评价、环境质量现状评价、环境质量影响评价
按环境要素分	多要素环境质量综合评价，单要素环境质量评价如大气环境质量评价、水体环境质量评价、土壤环境质量评价、生物环境质量评价、环境噪声评价
按区域类型分(空间)	城市环境质量评价、流域环境质量评价、风景旅游区环境质量评价、海域环境质量评价

这里着重介绍按发展阶段而分类的几种评价方法：

1. 环境质量回顾评价　环境质量回顾评价是对某一区域某一历史阶段的环境质量的历史

变化的评价，评价的资料为历史数据。这种评价可以揭示出区域环境质量的发展变化过程。

2. 环境质量现状评价　环境质量现状评价是利用近期的环境监测数据，对一个区域的环境质量现状进行评价。通过这种形式的评价，可以阐述环境污染的现状，为进行区域环境污染综合防治提供科学依据。环境质量现状评价是区域环境综合整治和区域环境规划的基础。

3. 环境影响评价　这不仅要研究开发项目对自然环境的影响，也要研究它对社会和经济环境的影响。既要研究污染物对大气、水体、土壤等破坏环境要素的污染途径，也要研究污染物在环境中传输、迁移、转化规律以及对人体、生物的危害程度，从而制定有效的防治对策，减少环境影响，为社会经济与环境保护同步协调发展提供有力保障。环境影响评价是目前开展得最多的环境评价。

二、环境质量现状评价

（一）环境质量现状评价的概念

环境质量现状评价是对一定区域内人类近期的和当前的活动致使环境质量变化，以及受此变化引起人类与环境质量之间的价值关系的改变进行评价，称为环境质量现状评价。

（二）环境质量现状评价方法

环境质量的现状反映了人类已经进行或当前正在进行的活动对环境质量的影响。

1. 环境污染评价方法　环境污染评价方法的目的在于分析现有的污染程度、划分污染等级、确定污染类型。经常使用的是污染指数法，分为单因子指数和综合指数两大类。

2. 生态学评价方法　生态学评价方法是通过各种生态因素的调查研究，建立生态因素与环境质量之间的效应函数关系，评价自然景观破坏、物种灭绝、植被减少、作物品质下降与人体健康和人类生存发展需要的关系。由于生态学的内容非常丰富，生态学评价方法也有许多种，如植物群落评价、动物群落评价和水生生物评价。

3. 美学评价法　美学评价法是从审美准则出发，以满足人们追求舒适安逸的需求为目标，对环境质量的文化价值进行评价。评价的方法主要有定性评价，如美感的描述；定量评价，如美感评分，对风景环境的美学评价；还可以采用艺术评价手段，如摄影艺术，以此可以烘托出环境美的意境来。美感的描述主要包括对人文要素和环境要素构成美的内在联系的描述。

需要指出的是，美学评价法的评价结果往往受评价者主观因素影响较大，在评价中应该使有经验的专家评分与公众的调查评定结果相结合，再加以综合分析，才能得到比较客观的评价结果。

（三）环境质量现状评价基本程序

环境质量现状评价的程序因其目的、要求及评价的要素不同，可能略有差异，但基本过程相同，具体步骤如下。

第一，确定评价目的、制订实施计划。运行环境质量现状评价首先要确定评价目的、划定评价区的范围、制订评价工作大纲及实施计划。

第二，收集与评价有关的背景资料。由于评价的目的和内容不同，所收集的背景资料也要有所侧重，如以环境污染评价为主，要特别注意污染源与污染现状的调查；以生态环境破坏评价为主，要特别进行人群健康状况的回顾性调查；以美学评价为主，要注重自然景观资料的收集。

第三，环境质量现状监测。在背景资料收集、整理、分析的基础上，确定主要监测因子。

第四，背景值的预测。对背景值进行预测有时是非常必要的。例如在评价区域比较大或监测能力有限的条件下，就需要根据监测到的污染物浓度值，建立背景值预测模式。

第五，进行环境质量现状的分析。要选取适当的方法，指出主要的污染因子、污染程度及危害程度等。

第六，评价结论及对策。对环境质量状况给出总的结论，并提出建设性意见。

根据环境评价工作自身特点、规律，结合我国环境现状，以一个区域的环境质量现状评价为例，评价工作可按以下基本程序进行，如图 5-6 所示。

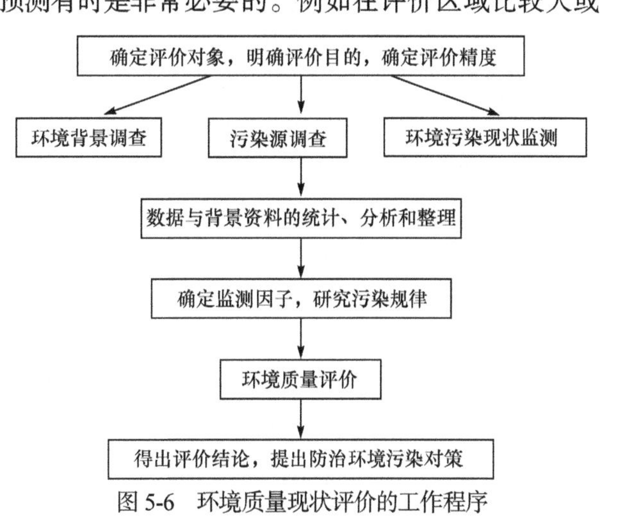

图 5-6 环境质量现状评价的工作程序

三、环境影响及评价制度的重要性

(一)环境影响和环境影响评价的概念

1. 环境影响 环境影响是指人类活动(经济活动、政治活动和社会活动)导致的环境变化以及由此引起的对人类社会的效应。

环境影响概念包括人类活动对环境的作用和环境对人类的反作用两个层次。环境影响的概念既强调人类活动对环境的作用，又强调这种变化对人类的反作用。而认识和评价环境对人类的反作用是为了制定出缓和不利影响的对策措施，改善生活环境，维护人类健康，保证和促进人类社会的可持续发展，这是研究环境影响的根本目的。

2. 环境影响评价 环境影响评价是指对拟建设项目、区域开发计划和国家政策实施后可能对环境产生的影响(后果)进行的系统性识别、预测和评估。

环境影响评价的根本目的是鼓励在规划和决策中考虑环境因素，最终达到更具环境相容性的人类活动。

一种理想的环境影响评价过程，应该能够满足以下条件。

(1)基本上适用于所有可能对环境造成显著影响的项目，并能够对所有可能的显著影响做出识别和评估。

(2)对各种替代方案(包括项目不建设或地区不开发的情况)、管理技术、减缓措施进行比较。

(3)编制清楚的环境影响报告书，以使专家和非专家都能了解可能的影响的特征及其重要性。

(4)包括广泛的公众参与和严格的行政审查程序。

(5) 及时、清晰的结论，以便为决策提供信息。

另外，环境影响评价过程还应延伸至所评价活动开始及结束以后的监测和信息反馈程序。

进行环境影响评价的主体依各国环境影响评价制度而定，我国的环境影响评价主体可以是学术研究机构，工程、规划和环境咨询机构，但是它们必须获得国家或地方环境保护行政机构认可的环境影响评价资格证书。

(二) 环境影响评价制度

环境影响评价制度是指把环境影响评价工作以法律、法规或行政规章的形式确定下来，从而必须遵守的制度。环境影响评价不能代替环境影响评价制度。前者是评价技术，后者是进行评价的法律依据。环境影响评价制度要求在工程、项目、计划和政策等活动的拟定和实施中，除了传统的经济和技术等因素外，还要考虑环境影响，并把这种考虑体现到决策中去。对于可能显著影响人类环境的重要的开发建设行为，必须编写环境影响报告书。

环境影响评价制度的建立，从一个方面体现了人类环境意识的提高，是正确处理人类与环境关系，保证社会经济与环境协调发展的一个进步。我国环境影响评价制度规定《中华人民共和国环境保护法》为一切建设项目必须遵守的法律制度，其目的是防止造成环境污染与破坏。

(三) 环境影响评价的重要性

环境影响评价是强化环境管理的有效手段，对确定经济发展方向和保护环境等一系列重大决策都有重要作用。具体表现在以下几个方面。

1. 保证建设项目选址和布局的合理性　合理的经济布局是保证环境与经济持续发展的前提条件，而不合理的布局则是造成环境污染的重要原因。环境影响评价是从建设项目所在地区的整体出发，考察建设项目的小区选址和布局对区域整体的不同影响，并进行比较和取舍，选择最有利的方案，保证建设项目选址和布局的合理性。

2. 指导环境保护措施的设计，强化环境管理　一般来说，开发建设活动和生产活动，都要消耗一定的资源，给环境带来一定的污染与破坏，因此必须采取相应的环境保护措施。环境影响评价是针对具体的开发建设活动或生产活动，综合考虑开发活动特征和环境特征，通过对污染治理设施的技术、经济和环境论证，可以得到相对最合理的环境保护对策和措施，把因人类活动而产生的环境污染或生态破坏限制在最小范围内。

3. 为区域的社会经济发展提供导向　环境影响评价可以通过对区域的自然条件、资源条件、社会条件和经济发展状况等进行综合分析，掌握该地区的资源、环境和社会承受能力等状况，从而对该地区发展方向、发展规模、产业结构和产业布局等做出科学的决策和规划，以指导区域活动，实现可持续发展。

4. 促进相关环境科学技术的发展　环境影响评价涉及自然科学和社会科学的广泛领域，包括基础理论研究和应用技术开发。环境影响评价工作中遇到的问题，必然是对相关环境科学技术的挑战，进而推动相关环境科学技术的发展。

小　结

通过本章学习，重点掌握环境监测和环境质量评价的基本理论、技术和方法，熟悉环境监测的项目及其方法，掌握对环境质量特别是大气、水环境、土壤、声音等主要环境要素的评价与预测的方法，了解环境影响评价的一般理论知识，培养环境监测和评价工作的基本技能。掌握环境评价的专业技能，为将来参与建设项目和规划的环境影响评价工作打下良好的基础。

1. 环境监测的任务是什么？
2. 环境质量现状评价的基本程序包括哪些？
3. 环境影响评价的基本程序包括哪些？
4. 请列举环境影响评价的重要性并简要说明。

第6章 环境保护法与环境标准

伴随着我国经济建设和社会的发展，人们对环境问题的认识也在不断深化。怎样才能实现可持续发展？怎样防治环境污染，合理开发利用自然资源？为了达到这些目的，我国是否有相应的法律法规来约束人们的行为？带着这些问题，我们来学习环境保护法和环境标准。

第1节 环境保护法

案例6-1

某村位于煤矿附近。煤在生产过程中，经过振动筛，造成煤尘污染，运煤车来回经过也卷起大量煤尘，这些给村民的生产生活带来很大危害。村里的稻田公顷产量很低，大量的稻谷被厚厚的煤尘覆盖，碾出的米、糠也掺杂着黑色。另外，矿区未经处理的废水流入村里的水井里，使井水浑浊发臭，经卫生部门检验，其中细菌数量严重超标。

问题：1. 对于给村民带来的生产、生活危害，煤矿是否应承担法律责任？

2. 煤矿的行为违反了什么相关法律？

3. 我国的环境保护法有什么作用？

环境法是指为达到保护和改善环境，预防和治理人为环境损害的目的而制定的调整人类环境利用关系的法律规范。从环境法的内涵可以获悉，我们所说的环境法主要是指环境保护法，它包括综合性环境保护法以及环境保护单行法等内容。

一、环境保护法的内涵和立法目的

（一）环境保护法的内涵和任务

1. 环境保护法的内涵　环境保护法是一种调整社会关系的法律规范，这种社会关系源自于保护、改善环境，防治环境污染和其他公害，以及如何合理利用和开发自然资源的问题。各种环境保护法律法规如图6-1所示。

2. 环境保护法的任务　环境保护法的主要任务包括两个方面：保护和改善环境；防治环境污染和其他公害。保护和改善环境的对象包括生活环境和生态环境，强调保障生态安全和公众健康，合理开发和利用自然资源。防治环境污染和危害是指防治在生产建设和其他活动中产生的废水、废气、废渣等物质对环境的污染，以及噪声、辐射等对环境的危害。

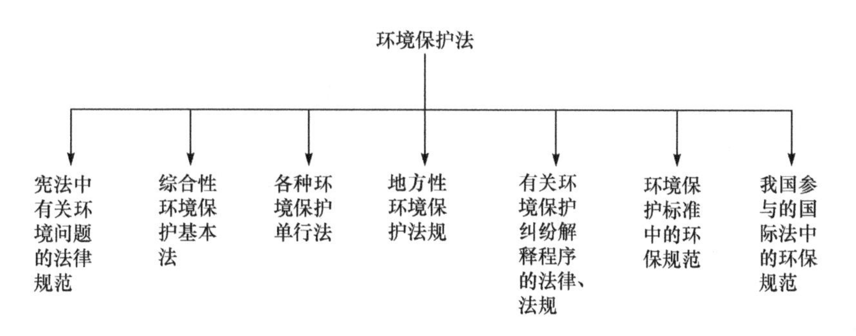

图6-1 环境保护法律法规

环境保护对于我国的经济建设和社会发展具有全局性、决定性的作用，是我国的一项基本国策。为了使这一基本国策得以更好地贯彻和执行，我国的环境保护法也在不断地完善和发展起来。

（二）环境保护法的立法目的

环境保护法的立法目的与其内涵和任务有着密切联系，主要包括两个方面。首先，保护和改善环境，防治环境污染和其他公害。其次，保障公众的健康，同时推动生态文明建设和经济社会可持续发展。

环境污染和生态破坏已成为影响我国公众健康和可持续发展的重要因素，因此保护、改善环境，保障公众健康和促进经济社会可持续发展三者之间有着内在联系，应把它们作为一个统一的整体来看待。谋求经济发展不应以牺牲环境为代价，那种所谓“先污染、后治理”的经济增长方式不符合科学发展观和人民群众的切身利益要求。

二、环境保护法的主要内容

（一）《宪法》中有关环境问题的法律规范

我国《宪法》中设定了关于环境保护的法律规范，这些法律规范是制定其他环境保护法律、法规的基础，同时也体现出环境保护是我国的基本国策。

（二）我国环境保护的基本法——《中华人民共和国环境保护法》

1.《中华人民共和国环境保护法》的主要内容　本法简称《环境保护法》是我国环境与资源保护的基本法，在环境保护法体系中具有很高地位。该法于1989年12月26日第七届全国人大常委会第十一次会议通过，2014年4月24日第十二届全国人大常委会第八次会议修订。本法共包括七章共七十条内容，除了第一章总则和第七章附则外，其余五章分别从监督管理，保护和改善环境，防治污染和其他公害，信息公开和公众参与，法律责任几个方面对我国的环境保护工作做出了综合性的规定。

《环境保护法》主要规定了我国的环境与资源保护应采用的基本原则和制度，开发利用环境资源的法律义务，保护自然环境的基本要求，防治环境污染的基本要求和相应的义务。

2. 违反《环境保护法》所承担的法律责任　违反《环境保护法》所承担的法律责任是指违反《环境保护法》，破坏、污染环境的单位或个人所应承担的法律责任。它包括行政责任、民事责任和刑事责任。

(1)行政责任。这里所说的行政责任，是指违反《环境保护法》，破坏或污染环境的单位或个人所应承担的行政责任。对于需要承担行政责任，但是尚不够刑事处罚的单位和个人，环保监管部门可以对其进行行政处罚。违反《环境保护法》行政的处罚种类包括：警告，罚款，责令停产整顿，责令停产、停业、关闭；暂扣、吊销许可证或者其他具有许可性质的证件，没收违法所得、没收非法财物，行政拘留等。

知识链接

我国《环境保护法》第六十三条规定：企业事业单位和其他生产经营者有下列行为之一，尚不构成犯罪的，除依照有关法律法规规定予以处罚外，由县级以上人民政府环境保护主管部门或者其他有关部门将案件移送公安机关，对其直接负责的主管人员和其他直接责任人员，处十日以上十五日以下拘留；情节较轻的，处五日以上十日以下拘留：

(一)建设项目未依法进行环境影响评价，被责令停止建设，拒不执行的；

(二)违反法律规定，未取得排污许可证排放污染物，被责令停止排污，拒不执行的；

(三)通过暗管、渗井、渗坑、灌注或者篡改、伪造监测数据，或者不正常运行防治污染设施等逃避监管的方式违法排放污染物的；

(四)生产、使用国家明令禁止生产、使用的农药，被责令改正，拒不改正的。

案例6-2

烟台市某塑料加工厂，无污染治理设备便投入生产。在生产过程中，大量工业废水排入工厂西侧无“三防”措施的“渗坑”中，对周围环境造成污染。环保执法人员对该厂生产设备进行了查封，并要求其将所有设备拆除完毕，将生产原料清理走。当年12月执法人员对该厂进行巡查时发现，工厂又将设备重新安装并投入生产，工业废水还是排放到原处，造成环境污染。

问题：环境执法部门应对塑料加工厂做出什么样的处罚决定?

(2)民事责任。违反《环境保护法》所承担的民事责任包括破坏环境者和污染环境者的民事责任两大类，人民法院或仲裁机构依法追究并强制因环境违法而承担民事责任者履行其民事义务称为民事制裁。

(3)刑事责任。违反《环境保护法》所承担的刑事责任是指单位或个人因违反《环境保护法》，造成或可能造成公私财物的重大损失，或者造成人身伤亡，所要承担的刑事方面的法律后果。

案例6-3

某企业位于枣庄市，2016年6月枣庄市环保部门对该企业进行现场检查，发现企业没有任何污染治理设施。环保部门对企业工业废水采集水样并出具检测报告，表明水样中含有铬、锌等重金属，其中总铬浓度严重超标。根据环境保护法律规定，这种排放含重金属的污染物并且排放量超出国家标准数倍的行为，被认定为污染环境罪，因而企业的责任人也受到了相应的刑事处罚。

问题：请同学们查阅《环境保护法》，找出本案中对于企业进行刑事处罚的法律依据。

（三）环境保护单行法

1. 环境污染防治单行法　环境污染防治单行法是指为了预防和减少污染排放，恢复和治理环境污染而制定的法律规范的总称。我国环境污染防治单行法主要包括《中华人民共和国水污染防治法》《中华人民共和国大气污染防治法》《中华人民共和国环境噪声污染防治法》《中华人民共和国固体废物污染环境防治法》《中华人民共和国放射性污染防治法》等。

(1)《中华人民共和国水污染防治法》。制定本法主要是为了保障人民群众饮用水安全，保护、改善环境，推动可持续发展。该法强调水污染防治应坚持“预防为主、防治结合、综合治理”的原则，严格控制城镇生活污染和工业污染这两大染源，促进生态文明建设。

(2)《中华人民共和国大气污染防治法》。本法于1988年6月1日开始实行，2015年8月29日第十二届全国人民代表大会常务委员会第十六次会议第二次修订。该法主要内容包括“大气污染防治的监督管理”“大气污染防治措施”“重污染天气应对”等。大气污染已经成为危害公众健康和动植物健康生长的重要“杀手”，同时会导致地球臭氧层变薄、全球变暖。本法对于维护公众健康，保护自然生态具有重要作用。

(3)《中华人民共和国环境噪声污染防治法》。我国1997年3月1日开始施行《中华人民共和国环境噪声污染防治法》，2018年12月29日第十三届全国人民代表大会常务委员会第七次会议进行了修订，其中对于工业噪声、建筑施工噪声、交通运输噪声、社会生活噪声等都有明确的污染防治规定，对于有效控制噪声污染，保障人民群众的正常生产、生活环境具有重要作用。

(4)《中华人民共和国固体废物污染环境防治法》。固体废物主要是指已经丧失原有利用价值或者虽然没有丧失利用价值，但是已被抛弃的固态、半固态和置于容器中的气态物品。我国1996年4月1日开始正式实施的《中华人民共和国固体废物污染环境防治法》，2015年4月24日第十二届全国人民代表大会常务委员会第十四次会议进行了第二次修正，对于工业固体废物污染、生活垃圾污染、危险废物污染等都有明确的防治管理规定，有效控制了固体废物污染，保护了环境。

2. 自然资源保护单行法　自然资源保护单行法是指由国家制定或认可的，调整人们在开发、利用、保护、管理自然资源过程中而产生的社会关系的法律规范，例如《中华人民共和国森林法》《中华人民共和国农业法》《中华人民共和国渔业法》《中华人民共和国野生动物保护法》等。

(1)《中华人民共和国森林法》。我国1984年9月20日通过了《中华人民共和国森林法》，2009年8月27日颁布了经修改的《中华人民共和国森林法》。颁布本法的目的是为了保护、培育、合理利用我国的森林资源。

(2)《中华人民共和国野生动物保护法》。我国1988年11月8日通过了《中华人民共和国野生动物保护法》，2018年10月26日，第十三届全国人民代表大会常务委员会第六次会议通过进行了最新修订。颁布《中华人民共和国野生动物保护法》的目的是通过保护野生动物，来维护生态系统平衡，充分利用野生动物在经济、药用、科学研究方面的价值，推动社会发展。

（四）地方性环境保护法规

由于我国地域广阔，各地区的具体特点大相径庭，从20世纪80年代以来全国各地根据《宪法》和《环境保护法》的规定，结合本地区的特点，制定了许多地方性的环境保护法规，涉及的内容很广泛，各项规定也很具体，对于各地方的环境保护和监督管理工作具有非常重要的作用。

（五）有关环境保护纠纷解决程序的法律、法规

有关环境保护纠纷解决程序的法律、法规主要是针对那些破坏环境者以及违法或失职的环境保护监督管理人员，依法追究他们的行政、民事和刑事责任。

例如中华人民共和国《中华人民共和国行政诉讼法》《中华人民共和国民事诉讼法》《中华人民共和国刑事诉讼法》中有关环境保护纠纷解决问题的法律规定。

（六）环境标准中的环保规范

我国环境标准体系中的环境质量标准和污染物排放标准属于强制性标准。所谓强制性环境标准是指通过法律、行政法规等强制性手段加以实施的环境标准，因此上述两类环境标准属于我国的环境保护法体系的一部分。

（七）我国参与的国际法中的环保规范

随着我国对外交流与合作的发展以及国际地位的提高，我国参与的国际法律、法规越来越多，这些法律法规中有许多涉及环境保护的条款，例如我国参与的《联合国海洋法公约》中有关海洋环境保护的条款，也自然成为我国环境保护法体系中的一部分。

三、环境保护法的作用

环境保护法是一个法律体系，它对于预防和治理环境污染，平衡我们的既得利益和长期发展的关系有着重要作用，可以说“利在当世，惠及子孙”，其主要作用体现在以下几个方面。

（一）保护环境，保障公众健康，是促进经济社会可持续发展的法律依据

1. 保护环境，保障公众健康　环境污染破坏生态平衡，破坏人类生存环境，损害公众健康。对于污染或破坏环境者，应追究其法律责任，给予相应惩罚，对于保护和改善环境有显著贡献者，应给予奖励。环境保护法的确立和完善，使环保事业真正做到“有法可依，有法必依”，从而更好地预防和治理环境污染，保护了生态环境，进而使广大民众有了更加清洁、优越的生存空间，保障了公众健康。

2. 促进经济社会可持续发展　经济社会发展必须走可持续发展之路，我们在谋取自身利益的同时，还应考虑到子孙后代的利益，不应让他们为我们的破坏环境行为买单。环境保护法的确立和完善为我们保护环境，实现经济、社会的可持续发展提供了法律保证。

（二）环境保护部门行政执法的有力武器

环境保护部门在行政执法过程中应当坚持公正文明执法，明确具体操作流程，依法惩处各类违法行为，对于关系群众切身利益的重点领域要加强执法力度。环境保护法的制定和完善，为环保部门的依法行政提供了法律依据，既可以有力打击环境违法者，又可以有效保障人民群众的利益，也是依法治国的必然要求。

（三）增强民众的环境保护意识，加强环境保护法制观念

环境保护法规定了国家行政部门、企事业单位以及公民个人在环境保护中的权利和义务，使民众认识到哪些行为是合法的，哪些行为是违法的。特别是各级领导干部在行政决策过程中，更应带头遵守环保法规定，严格执行各项环保监管制度，开展环境保护宣传教育，使民众切实认识到环境保护的重要性，环保事业不仅关系到社会的可持续发展，还关系到中华民族的伟大复兴。

（四）维护我国的环境权益，促进环境保护的国际交流与合作

1. 维护我国的环境权益　随着我国对外开放和对外交流合作的不断发展，一些发达国家或地区向我国国内转嫁污染，掠夺自然资源，将我国的一些珍贵、濒危野生动植物偷运出国境。为了维护国家环境权益，我国的环境保护法已做出了相关的规定。例如，禁止将境外的危险废物和生活垃圾向境内转移，禁止将境外的固体废物倾倒、堆放、处置于境内等。这些条文规定有效打击了国内外不法分子，有效维护了我国的环境权益。

2. 促进环境保护的国际交流与合作　从 20 世纪 80 年代以来，我国积极参加国际环境保护事业，签署了一系列国际环境保护条约，例如《联合国海洋法公约》《气候变化框架公约》《生物多样性公约》等。我国非常重视国家主权在国际环境保护中的地位，积极履行国际义务，加强与周边国家和地区的环境保护交流与合作，很好地维护了我国的环境与发展权益。

知识链接

《联合国海洋法公约》（也称作《海洋法公约》），在全球范围内对内水、领海、临接海域、大陆架、专属经济区、公海等重要概念做了界定，对当前世界各国的领海主权争端、海洋天然资源管理、污染处理等问题都具有重要的指导和裁决作用。

第2节　环境标准

案例 6-4

某公司位于济宁市。2015 年 5 月 9 日，济宁市环保部门对该公司烧结机外排烟气进行现场检查。经过检测烟尘浓度达到 40.4 毫克/立方米，超过了《山东省钢铁工业污染物排放标准》规定的 30 毫克/立方米标准的 0.35 倍。2015 年 5 月 20 日，环保部门对该公司下达了《责令改正违法行为决定书》，并处以五万元罚款。半个月后市环保部门对这家公司进行复查，发现其烧结机外排烟气中烟尘浓度依然超标，于是再次对公司进行了处罚。

问题： 1. 《山东省钢铁工业污染物排放标准》是环保法规吗？

2. 30 毫克/立方米只一个简单的数字吗，它代表了什么？

一、环境标准的内涵和特点

（一）环境标准的内涵

环境标准是指为了保护人民群众健康、防止环境污染、维护生态平衡，针对环境保护工作中需要统一的各种技术指标与规范，按照法律规定程序制定的各种标准的总称。

我国的环境标准经历了一个从无到有，从少到多，从单一到形成体系的过程。1956年颁布了第一个带有环境标准性质的设计标准《工业企业设计暂行卫生标准》，从1973年至1974年，我国先后颁布了《工业“三废”排放试行标准》、《放射防护规定》等，标志着我国的环境标准体系已由环境质量标准向污染物排放标准发展。从1983年起，截至目前，我国国家和地方发布的各类环境标准已超过2000项。

（二）环境标准的特点

我国的环境标准具有规范性、强制性、技术性和时限性等特点。规范性是指标准明确规范，通过一些具体数字、指标来说明行为规则的界限。强制性是指环境标准具有法律约束力，特别是那些“强制性标准”必须强制执行。环境标准的技术性很强，如环境影响评价技术导则本身就是技术规范。另外随着社会以及科学技术的发展，环境标准也需要不断修改和完善，因而它具有时限性。

在环境标准中，环境质量标准和污染物排放标准属于强制性标准，必须强制执行。除这两项标准之外的环境标准属于推荐性环境标准，推荐性环境标准如果被强制性环境标准引用，也要强制执行。

二、我国的环境标准体系

我国的环境标准体系是一个统一整体，其内容繁多，各种标准的内容、性质、功能有所不同，概括起来可以分为“两级、五类”。

（一）环境标准中的“两级”

环境标准中的“两级”是指国家级标准和地方级标准。国家级标准是由国务院环境保护主管部门制定，在全国范围内使用的标准，如《医疗机构水污染物排放标准》（GB 18466-2005），它的标准代号常用“GB”来表示。地方级标准是指是由省级政府颁布的，在本行政区域内适用的标准，它的标准代号常用“DB”来表示。

（二）环境标准中的“五类”

环境标准中的“五类”是指环境质量标准、污染物排放标准、环境监测规范、环境基础类标准、管理规范类标准。

1. 环境质量标准　环境质量标准是指为了说明一定的时间和空间范围内，允许环境中存在有害物质的浓度而做规定的环境标准。例如《环境空气质量标准》《海水水质标准》《土壤环境质量标准》《渔业水质标准》等。

2. 污染物排放标准　污染物排放标准是为了实现环境保护的目标，结合技术、经济条件和环境特点，限制排入环境中的污染物或其他有害因素的规定。例如《恶臭污染物排放标准》《大气污染物综合排放标准》等。污染物排放标准是针对污染物排放所规定的“最大限值”，也就是允许污染物排放的度。制定污染物排放标准主要是依据环境质量标准。我国的污染物排放标准分为国家污染物排放标准和地方污染物排放标准。

3. 环境监测规范　环境监测规范由环境监测方法标准、环境标准样品和环境监测技术规范三个方面构成。环境监测方法标准是为了监测环境质量和污染物排放、规范采样、分析测试等问题而制定的方法标准。环境标准样品是为了保证环境监测数据的准确，针对用于量值传递或者质量控制的实物样品或材料而制定的标准样品。环境监测技术规范是指针对地表水、环境空气、土壤等的环境监测技术规范。

4. 环境基础类标准　环境基础类标准包括环境基础标准和标准制修订技术规范。环境基础标准是针对环保工作中需要统一应用的一些技术术语、符号、代号、图形等而制定的标准。而国家与地方水污染物排放标准制修订技术导则等，属于标准制修订技术规范。

5. 管理规范类标准　管理规范类标准主要指建设项目和规划环境影响评价等各类环境管理规范。

三、环境标准的作用

环境标准是通过客观科学的数据，对相关领域的人类生产、生活等活动及其所产生的环境负荷进行定量分析，以量化的方法来预测、说明环境承载能力，从而约束人们的行为。它的积极作用主要体现在以下几个方面。

（一）实施环境保护法的重要保证

我国政府为了加强环境管理，打击环境违法行为，制定了一系列环境保护法律法规，例如《中华人民共和国环境保护法》《中华人民共和国水污染防治法》《中华人民共和国大气污染防治法》等。这些环保法规特别是一些单行法规的顺利实施需要以具体的标准、数据为依据，而环境标准恰好提供了这种标准、数据，使人们明确环境违法的法定界限在哪里，什么样的行为是超越法律界限的，从而使环境保护法得以有效实施。

（二）保护和改善环境，保障公众健康

国家相关部门制定各类环境保护法的根本目的是保护和改善环境，保障公众健康。环境标准的制定使环境保护法律、法规更加完善，更加具有技术性和实践操作性，使人们在生产和生活中能够将预防和治理相结合，切实保护生态环境，促进人与自然和谐发展（图6-2）。

图6-2　保护生态环境措施

案例6-5

东营市环保部门在2014年4月20日对于本市某公司进行烟尘、烟气排放情况检查。发现其生产线玻璃熔窑外废气NO_x超过《山东省建材工业大气污染物排放标准》(DB 37/2373—2013)中规定的排放标准的5倍。东营市环保部门当年5月2日对该公司下达《责令改正违法行为决定书》，并对其罚款10万元。6月10日市环保部门对这家公司进行复查，发现NO_x排放浓度依然超标，于是决定对该公司进行“按日连续处罚”。

问题：案例中提到的《山东省建材工业大气污染物排放标准》有什么作用？

（三）各级政府、环境保护部门制定环保规划和计划的依据

各级政府和环境保护部门在制定环保规划和计划的时候，要有明确的目标。这个目标有时不仅需要文字描述，还需要一定的标准、指标、数据来说明。例如，汽车尾气排放需要达到什么样的标准，市区空气质量需要达到什么样的标准。环境标准正是这种指标、数据、标准的体现，使环境保护计划更加有理有据，完成环境计划也有据可查，真正使制订计划成为保护环境，防治环境污染的有力武器。

（四）推动我国环境科学技术不断进步

环境标准具有科学性和先进性。它的制定需要与最佳、最实用的技术相匹配，它的实施必然会淘汰落后的技术和设备，这样环境标准就成为筛选、评价环保科研成果的重要力量，推动我国环境科学技术不断进步。

小　结

本章介绍了环境保护法的内涵、任务和立法目的，解释了环境保护方针、政策、环境法规、环境标准等的基本概念及相关知识。通过本章学习，重点要求学生掌握环境保护法的内涵、立法目的及任务、环境保护法的作用、体系、法律责任、环境标准体系及作用。

一、简答题

1. 环境保护法的内涵和立法目的是什么？
2. 环境保护法的主要内容是什么？
3. 环境保护法的作用体现在哪里？
4. 什么是环境标准？
5. 我国的环境标准体系包括哪些内容？
6. 环境标准对于实施环境保护法有什么作用？

二、实践活动

1. 组织同学们进一步学习我国的《环境保护法》以及环境保护单行法，并且根据学习内容，制作宣传这些法律、法规的海报或手抄报。将同学们制作的海报和手抄报在班级或学校进行橱窗展示。

2. 组织同学们到有污染源的企业单位去进行走访调查，了解环境保护法对于企业的污染排放有什么要求和标准，从而进一步了解环境保护法和环境标准。在进行调查时，可以给同学们发放如下表格，从而方便同学们完成调查作业。

调查小组人员	
调查企业名称	
企业污染源名称	
与企业污染源排放相关的环境标准	
企业污染排放是否达标或存在问题	
其他需要注意的问题	

第7章 可持续发展与循环经济

人类在经历了漫长的奋斗历程后，在自然、经济和社会发展等方面都取得了辉煌的业绩，但是，环境污染与生态环境破坏对人类的生存和发展也构成了非常严重的现实威胁。人与自然应该是和谐相处、相辅相成的，就像鱼和水的关系，我们只有改变过去不停向自然界索取的观念才能得到长足的发展。如何去改变？为什么要选择可持续发展和循环经济？带着这些问题，我们来学习可持续发展和循环经济。

第1节 可持续发展及其重要性

案例 7-1

春天是鲜花盛开、百鸟齐鸣的季节，春天里不应是寂静无声的，尤其是在春天的田野。可是并不是人人都会注意到，从某一个时候起，突然地，在春天里就不再能听到燕子的呢喃、黄莺的啁啾，田野里变得寂静无声了。这一切只因在田野里喷洒了一种叫 DDT 的有机杀虫剂。DDT 作为多种昆虫的接触性毒剂，有很高的毒效，尤其适用于扑灭传播疟疾的蚊子。第二次世界大战期间，有赖于 DDT 消灭蚊子，使疟疾的流行逐步得到有效的控制。但是应用 DDT 这类杀虫剂，就像是与魔鬼做交易，在自然界中它很难分解：杀灭了蚊子和其他的害虫，也许还会使作物提高收成，但同时也杀灭了益虫。更可怕的是，在接受过 DDT 喷洒后，许多种昆虫能迅速繁殖抗 DDT 的种群；由于 DDT 会积累于昆虫的体内，这些昆虫成为其他动物的食物后，尤其是鱼类、鸟类，则会中毒甚至死亡。DDT 问世后，经过相当长一段时间的使用，不少地区的环境受到污染。这些地区生产的食物中都有了 DDT，人吃了这些食物，体内也就有了 DDT，不少人因 DDT 而慢性中毒。

问题： 1. 春天里为何听不到鸟类的啼叫了？

2. 有毒杀虫剂对生态和人类生存环境有什么破坏？

3. 人类为什么要实行可持续发展？

从世界各国的发展历史中，尤其是工业革命以后的这段发展历史中，我们可以得到很多教训。在工业革命后的近几百年里，人类得到了前所未有的发展，在这几百年的发展甚至超过了过去的几千年的发展。这是人类发展所取得的巨大成就，但是同样也是这几百年，对地球的破坏超过了过去几千年。生产力的增长是在消耗大量能源的条件下换来的，同时也对环境造成了很大的破坏。在这一时期的发展过程中，人们并没意识到社会、经济人口、资源和环境是要和谐发展的，只是一味地去追求经济的发展，造成了对自然的严重破坏(图 7-1)。

图 7-1　水体污染造成鱼类大量死亡

一、可持续发展

知识链接

20 世纪 60 年代末，人类开始关注环境问题。1972 年 6 月 5 日，在斯德哥尔摩举行的联合国人类环境研讨会上提出了“人类环境”的概念，成立了联合国环境规划署，并通过了《人类环境宣言》。这次研讨会云集了全球的工业化和发展中国家的代表，共同界定人类在缔造一个健康和富有生机的环境上所享有的权利，在这个会议中正式讨论可持续发展的概念。可持续发展是人类对工业文明进程进行反思的结果，是人类为了克服一系列环境、经济和社会问题，特别是全球性的环境污染和广泛的生态破坏问题，以及它们之间关系失衡所做出的理性选择，保护和改善生态环境，实现人类社会的持续发展，是全人类紧迫而艰巨的任务。经济发展、社会发展和环境保护是可持续发展的相互依赖互为加强的组成部分。

1987 年世界环境与发展委员会在《我们共同的未来》报告中第一次阐述了可持续发展的概念，得到了国际社会的广泛共识。《我们共同的未来》中对“可持续发展”定义为：既满足当代人的需求，又不对后代人满足其自身需求的能力构成危害的发展。它包括两个重要概念：一是需要的概念，尤其是世界各国人们的基本需要，应将此放在特别优先的地位来考虑；二是限制的概念，技术状况和社会组织对环境满足眼前和将来需要的能力施加的限制。可持续发展的核心是发展，但是这种发展是在要求严格控制人口数量、提高人口素质和保护环境以及在资源的永续利用(图 7-2)的前提下，进行经济和社会的发展。发展是可持续发展的前提，人是可持续发展的中心体，真正的发展是可持续的长久的发展。可持续发展是人类发展的必然趋势，是建立在社会、经济、人口、资源和环境相互协调、共同发展的基础上的一种发展。

二、可持续发展的重要性

首先，实施可持续发展战略，有利于促进生态效益、经济效益和社会效益的统一。从人类社会的发展看，要想走一条环境和发展结合的道路，就要创新思维模式。可持续发展理论的产生，就为环境保护与人类社会的协调发展提供了方向。其实质就是把经济发展与节约资源、保护环境紧密联系起来，实现良性循环。可持续发展要求在发展中积极地解决环境问题，既要推进人类发展，又要促进自然和谐。主要表现在：从以单纯经济增长为目标的发展转向经济、社会、生态的综合发展；从以物为本位的发展转向以人为本位的发展；从注重眼前利益、局部利益的发展转向长期利益、整体利益的发展；从物质资源推动型的发展转向非物质资源或信息资源(科技与知识)推动型的发展。

图 7-2 资源的永续利用——风力发电

其次，有利于促进经济增长方式由粗放型向集约型转变。传统的发展，偏重于物质财富的增长，忽视人的全面发展和社会的全面进步；简单地把经济的增长作为衡量经济社会发展的核心指标，忽视人文的、资源的、环境的指标；单纯地把自然界看作是人类生存和发展的索取对象，忽视自然界首先是人类赖以生存和发展的基础。在这种影响下，尽管人类积累了丰富的物质财富，但也为此付出了巨大的代价。资源浪费、环境污染和生态破坏的现象屡见不鲜、越来越多，人们的生活水平和质量却往往并不能随经济增长而相应提高，甚至出现危及未来生存的许多社会和环境问题。要解决这些历史进程中的矛盾和问题，就必须摒弃传统的发展理念和发展模式的影响，走可持续的发展模式，有利于促进经济增长方式由粗放型向集约型转变，使经济发展与人口、资源、环境相协调。

再次，有利于提高人民的生活水平和质量。随着当今社会经济的不断发展，人们生活水平提高，各方面消费水平也大幅度提升，人类社会的物质生活是空前的繁荣，但是繁荣的背后，隐藏着随时可以影响人类生存的危机。当今世界面临着人口、资源、环境和发展一系列重大问题。其中环境污染问题最为严重，酸雨、噪声、温室气体、空气污染以及城市垃圾等问题已经严重威胁到人类的生存与发展。坚持可持续发展有利于国民经济持续、稳定、健康发展，提高人民的生活水平和质量。

最后，对全球的经济、社会、生态环境的可持续发展都有重要性。我国人口多、自然资源短缺、经济基础和科技水平落后，只有平衡人口数量、节约资源、保护环境，才能实现社会和经济的良性循环，使各方面的发展能够持续有后劲。要在发展经济的同时，充分考虑环境、资源和生态的承受力，保持人和自然的和谐关系，实现自然资源的持久利用，实现社会的持久发展。如果在经济发展中不考虑环境保护和资源的消耗，一味地拼资源、拼能源、高污染，可能导致负增长或者低增长，而生态环境的透支往往是要人类加倍偿还的。从注重眼前利益、局部利益的发展转向长期利益、整体利益的发展，从物质资源推动型的发展转向非物质资源或信息资源(科技与知识)推动型的发展。环境是人类赖以生存和发展的基础，发展是促进环境保护的前提条件。经济发展和环境保护是相辅相成的关系，环境保护本身就是一种生产力。

(1)在全球经济可持续发展方面。中国对货物和服务贸易特别是大宗商品的进出口需求，改善了许多发展中国家的贸易条件，促进其经济增长。尤其是光伏产业的出口，根据中国光伏行业协会数据，2017年全球光伏市场新增装机容量达到102GW，同比增长超过37%，累计光伏容量达到405GW。其中，我国新增装机量53GW，同比增长超过53.6%，连续5年位居世界第一，累计装机达到130GW，连续3年位居全球首位。光伏产业属于清洁能源，它的大规模出口为实现持续经济增长做出很大贡献。

(2)在全球社会可持续发展方面。中国是第一个实现联合国千年发展目标、使贫困人口比例减半的国家，为全球减贫事业做出了巨大贡献。中国不但成功大幅削减了本国贫困人口数量，还有能力和经验帮助其他发展中国家实现减贫目标，在当今世界减贫事业中扮演着重要角色。中国同许多发展中国家建立合作减贫中心，共同推动减贫工作。中国还为其他发展中国家援建医院、医疗服务中心，派遣医疗队，提供紧急人道援助；支持其他发展中国家提高教育水平，培养各类专业人才。

(3)在全球生态环境可持续发展方面。中国是第一个自主承诺减少碳排放的发展中国家。中国通过产业结调整、制定节能减排约束性指标、加强重点污染物和重点区域污染治理等方式大力推进资源节约、环境友好的经济增长。20世纪90年代中国开始实施生态建设工程，为减缓全球森林资源流失做出了突出贡献(图7-3)。中国利用完整的产品制造体系和较强的成本控制能力，迅速降低了光伏产品、风电产品、高速铁路系统等清洁能源、绿色交通的成本，为世界绿色、低碳发展做出了贡献。

总之，可持续发展是人类社会与生态环境同时具有持续性增长的发展。可持续发展的宏观战略旨在促进人类之间、人类与自然环境之间的和谐，寻求建立起有利于持续发展的社会、政治、经济、生产、技术、管理以及国际关系的新体系，这是一个目标。历史经验证明，人类的发展活动如果遵循自然规律、经济规律和社会规律，按客观规律办事，那么人类就受益于自然界，人口、经济、社会、资源和环境就协调发展。相反，则出现人口爆炸、经济危机、环境恶化、生态破坏、资源枯竭等局面。

图 7-3 “三北”防护林工程局部

案例 7-2

某奶制品集团积极将企业自身发展与改善农牧业结构相结合，与国家倡导的退耕还草工程、禁牧工程相结合，改善生态环境。采取了许多具体的节能降耗措施，并透过精益求精的工艺，循环使用再生能源，走可持续发展道路。以内蒙古呼和浩特市为例，该地区的奶牛养殖量接近 70 万头，庞大的奶牛基数迅速拉动了当地饲草业的发展。在这个集团的带动下，呼和浩特市饲料供应实现了“一头奶牛，两亩苜蓿，两亩青贮玉米”的最佳比例。在该集团的带动下，奶农们不仅改变了以往单靠种植农作物为生的生存方式，还走上了“种草-养牛-卖奶”、“养牛-牛粪还原土地-种草”的良性循环之路，同时也保护了乳品行业赖以生存的奶源的持久发展，取得了明显的经济效益和环境效益。

问题： 1. 这个集团走的是何种发展道路?

2. 可持续发展对这个集团有何益处?

3. 这个集团的发展模式对中国其他企业有何借鉴之处?

第 2 节 中国走可持续发展道路的必然性

一、中国可持续发展现状

我国是个人口众多的国家，虽然有着 960 万平方千米的疆土和 300 多万平方千米海疆，但是人均资源却少得可怜。由于过去一定程度上出现了追求经济高速发展，忽视环境保护的现象，导致了能源的大量的浪费，环境的严重污染。随着中国经济实力的不断增强，人们的收入不断提高，生活水平得到了很大的改善，所以，人们一味地追求经济收入的观念逐渐改变，现在更加重视健康的生活。优美的环境和更高的生活质量成为人们追求的新目标。然而，我国的实际情况却不容乐观，突出表现在以下几个方面：

（一）环境污染不断加剧

从20世纪80年代开始，中国经济开始飞速发展，但是环境污染也日益严重，成为制约我国经济和社会发展的重要因素。虽然中国环境保护工作取得多项进展，但形势仍然非常严峻。在全国600多座城市中，大气质量符合国家一级标准的不足1%。全国每年排放污水360亿吨，除70%的工业废水和不到10%的生活污水外，其余污水未经处理直接排入江河湖海，致使水质严重恶化。城市垃圾和工业固体废物日增，大部分未经妥善处理直接堆放在露天，甚至是农田里，造成严重的土壤污染。有些企业不顾群众安危，违法违规直接将未处理的各类污染物直接排放。

（二）生态环境变化态势令人担忧

人口膨胀、自然资源的不合理利用，造成生态环境恶化和自然生态的失衡。同时，环境污染导致我国森林面积锐减，各种自然灾害频繁，削弱了自然生态环境的承载能力，导致很多物种失去了原有的生态环境，进而走入灭绝的边缘，现在中国大约有4600多种高等植物和400多种野生动物处于受威胁状态甚至濒临灭绝。而这些物种的绝迹又会进一步破坏生态系统的稳定性及多样性。土地沙漠化严重，另外还有大面积的土地受到水土流失的威胁。

（三）资源相对短缺

这也是中国可持续发展的重要影响因素之一。关系到人类基本生存的淡水、耕地、森林和草地四类资源，中国的人均占有量只有世界平均水平的28.0%、31.0%、25.4%和45.1%，矿产资源人均占有量也不到世界平均水平的一半。随着中国的不断地发展，尤其是工业的进步和人们生活水平的提高，使我们对能源的需求量也越来越大。就拿我国的石油来说，从最早的石油出口国变成现在的石油进口国，并且进口量还在逐年增加。重要的原因就是我国高速发展的工业对能源的需求量更大了。资源的不合理开采和浪费，更加剧了资源短缺，比如众多私人煤窑由于技术和利益的原因，只开采容易开采的、质量好的煤，而剩余的大量的煤资源都被浪费了。

二、中国走可持续发展道路的必然性

人类社会同自然环境有着不可分割的联系，人口、经济、社会、资源、环境必须协调发展。我国人口众多并不断增加，自然资源相对短缺，经济发展与环境保护的矛盾日益突出。在社会主义现代化建设过程中，必须寻求一条使人口、经济、社会、环境和资源相互协调，兼顾当代人和子孙后代利益的发展道路。因此，只有走可持续发展道路，树立起攻克难关的信心，才能处理好我国经济、社会的当前发展与未来发展的关系。

1. 我国是世界上人口最多的发展中国家，人均资源很有限，必须始终坚持把控制人口、节约资源、保护环境放在重要的战略位置。能不能坚持做好人口、资源、环境工作，关系到我国经济和社会安全，关系到我国人民生活的质量，关系到中华民族生存和发展的长远大计。

2. 可持续发展战略反映了经济发展与人口、资源、环境相互协调，当前发展与未来发展相互协调，实现均衡持续发展的思想。

3. 我国只有坚定不移地实施可持续发展战略，正确处理经济发展与人口、资源、环境的关系，促进人与自然的协调和和谐，努力开创生产发展、生活富裕、生态良好的文明发展之路，才能顺利实现社会主义现代化建设的宏伟目标，才能为中华民族世世代代的生存发展创造良好的条件。

走可持续发展道路是中国的必然选择，不论从社会问题方面还是环境问题方面，可持续发展都有其实际意义。对于我国来说，既要满足当代人的基本需求，还要为子孙后代着想。经济发展要受到人口、资源、环境的制约，经济发展必须与人口、资源、环境相协调。否则，经济发展难以持久，我们将受到大自然的惩罚。要想妥善解决资源、环境与发展问题，唯一可选择的是走可持续发展道路。

三、中国走可持续发展道路的措施

中国选择可持续发展道路是历史的必然，也是对未来数代人的责任。如何结合国情、有效地推进可持续发展战略，走可持续发展道路，还需要探索。当前至少应从下述方面着手和努力。

（一）健全和完善相关的法律法规

有可靠完善的法律体系、政策体系和强有力的执法监督，建立可持续发展的综合决策机制和协调管理机制，才能使可持续发展道路得到贯彻和落实。将环境执法和环境立法置于同等重要的位置，开始将环境执法作为环境法治建设的重点；加强环境法的宣传教育和人员培训，普及环境法的知识，提高全社会特别是政府官员和管理人员的环境法治观念；强化国家环境监督管理体制的建设，包括建立健全各级政府环境管理机构、提高环境管理机关的级别、加强环境管理和执法队伍的建设和培养；国家环境管理机关的管理范围和管理权限在扩大，政府各部门有关环境保护的职责越来越明确、加强，环境行政执法和司法的能力在增强。同时，加强对环境违法犯罪的打击、处罚程度，对环境违法行为实行“双罚机制”，即不仅处罚违法企业，而且处罚作业负责人和其他责任人员。

（二）建立健全环境友好的决策和制度体系

坚持以人为本，从维护群众的环境权益，改善环境质量出发，统筹城乡发展、统筹区域发展、统筹经济社会发展、统筹人与自然和谐发展、统筹国内发展和对外开放，制定有关法律法规和发展战略、规划，促进人与自然的和谐，实现经济发展和人口、资源、环境相协调，走生产发展、生活富裕、生态良好的文明发展道路。要研究综合环境与发展的国民经济核算方法，将发展过程中的资源消耗、环境损失和环境效益纳入经济发展的评价体系。

（三）维护社会稳定和环境安全

首先要采取最严格的措施保护饮用水源，加快重点流域海域的污染防治，力争取得实质性成效；二是在城市化快速发展过程中，优化城市规划布局，加快城市环保基础设施建设，不断提高污水、垃圾处理率，积极保护城市区域天然林草、河湖水系、滩涂湿地等自然遗产；三是加快电力、冶金、有色、化工、建材等行业的大气污染治理，提高能源利用效率，大力发展新能源，减轻酸雨污染和大气粉尘污染；四是加强农村环保工作，以转变农民的生产、生活方式为核心，开展农村环境综合整治，大力发展生态农业、有机农业，治理养殖业的面源污染和土壤污染，切实保障农产品安全；五是尊重自然规律，加强生态保护，搞好生态功能区和自然保护区的建设与管理，加强矿产资源开发和旅游开发的环境监管，防止产生新的破坏；六是在核电发展中，加强环境安全监管，确保核安全。

(四)大力发展循环经济，走新型工业化道路

建立适合国情的环境保护与经济发展相统一的产业结构和消费结构，实行全面节约的战略。发展循环经济，就是走科技含量高、经济效益好、资源消耗低、环境污染少、人力资源优势得到充分发挥的新型工业化道路，加快转变不可持续的生产和消费方式。建设以节水、节地、节能、节材、节约其他资源和保护环境为主要内容的资源节约型、环境友好型社会；按照“减量化、再使用、资源化”的原则，以提高资源利用效率、保护环境为核心，努力实现产业生态化；积极推行清洁生产，以生态化改造工业园区和经济技术开发区，大力发展生态农业。发展废物回收再利用产业和环保产业，提高资源生产率和循环利用率。严格环境准入，提高环保准入门槛，限制和禁止上高耗能、高耗材、高耗水、高污染的建设项目；实施强制淘汰制度，对采用落后技术、浪费资源、污染环境的生产工艺、技术、设备、企业实行强制淘汰；实施污染物排放总量控制制度，降低产品单位产值的能源物耗和污染物排放；积极利用经济手段、运用市场机制，鼓励各行各业节约资源、降低污染排放；继续推广各类循环经济试点示范。

(五)加强环境保护与可持续发展的国际合作

世界经济正在日益形成一种互相依赖的格局，全球性环境问题将整个人类的命运连在一起。我国立足于解决好国内环境与发展问题，继续改善我国人民赖以生存和发展的环境，同时，继续推进环境保护与可持续发展领域的国际合作。一方面积极参加气候变化、生物多样性保护等环境公约和有关贸易与环境的谈判，维护国际利益，履行国际义务，为解决人类面临的环境与发展问题做出贡献。同时，积极引进先进的技术和管理方法，促进国内环境保护跨越式发展；制定突破绿色贸易壁垒、防止污染转移、有害物种入侵等政策、法律法规和环境标准，促进贸易发展，保障国家环境安全。

保护全球环境，实现全球可持续发展，需要世界各国共同努力。发达国家应当更加积极主动地承担环境保护的责任，增加向发展中国家提供环境资金援助，加强环境技术和管理经验的国际传播与合作；降低直至取消因环境标准过高而形成的贸易壁垒，促进环境保护与国际贸易共同发展；进一步开放市场，减轻发展中国家资源、环境的压力，促进全球范围内资源的合理利用。发展中国家也要在加快发展中积极防治污染，保护生态环境。

第3节 循环经济及途径

改革开放以来，我国的经济发展有了很大的进步，但是由于发展很快，对环境和资源的利

用量也非常大，加上不合理利用产生的浪费和污染，使生态环境受到很大的影响。工业的发展使得大量污染物流入到环境中，其排放量大大超过了环境承载力，这样既给生态环境带来破坏，也使得人们的健康受到了威胁，并且带来了一系列难以解决的环境问题。环境污染所带来的问题严重制约了每个国家经济的发展，如何防治环境污染和进行可持续发展呢？那就必须要协调好资源环境与经济发展两者之间的关系。循环经济能够让经济和环境实现和谐发展，能够让环境和发展之间的尖锐冲突加以有效解决。

（一）循环经济的定义

循环经济就是在人、自然资源和科学技术的大系统内，在资源投入、企业生产、产品消费及其废弃的全过程中，不断提高资源利用效率，把传统的、依赖资源净消耗线性增加的经济发展，转变为依靠生态型资源循环经济发展。其实质是以尽可能小的资源消耗和尽可能小的环境代价实现最大的发展效益。

（二）循环经济的基本特征

循环经济作为一种新型的经济发展模式，与传统经济模式有很大的区别。循环经济将经济活动组织成一个“资源—产品—再生资源”的反馈式流程，让所有的物质以及能源获得科学高效的应用，把经济活动给生态系统造成的影响降到最低。

1. 循环经济的物质循环性　物质循环流动是循环经济的主要特征，也是循环经济模式与传统经济模式的主要区别。循环经济是一种生态型经济，是按照自然生态系统物质循环流动方式组织生产的经济模式。在循环经济中，一切的物质、能源可以在不断进行的经济活动中得到梯次利用或最合理使用，整个经济系统不产生或只产生很少的废物、污染，生产、消费过程对环境的影响小。从根本上说，循环经济是低投入、高产出、低污染的经济，可以消除长期以来环境和发展之间的矛盾。

2. 循环经济的综合性　循环经济的研究对象本身就是综合的。在这个庞大的综合系统中，不仅包括环境、资源、生态系统，还包括复杂的经济系统。由于循环经济涉及人、社会和自然之间相互关系、相互作用的各个方面，因此循环经济具有很强的综合性。

3. 循环经济的战略性　战略问题一般是指带有全局性和长远性的主导问题，循环经济学所研究的经济、技术、社会和生态问题，一般来讲都具有这一特征。如人口和资源，经济发展和生态环境，技术进步与人口、资源、环境之间的关系等等。循环经济是在着眼于长远利益的基础上，把眼前利益和长远利益结合起来，重视研究事关长远的重大问题，重视探索一条人与自然和谐共生，当代人与子孙共享资源与环境的持续、稳定、协调发展之路。

案例 7-3

唐山、淮北等矿区复垦，有效利用塌陷的地表发展养殖、旅游等产业，唐山还因此获得了可持续发展典型案例奖。某矿业集团在复垦和绿化中，合理开发利用环境资源，适当保留园区自然景色，保护当地的生物多样性。通过绿化设计、水土保持、道路建设和生态住宅建设等手段，促进工业园区内的结构布局、组织功能与自然景观的协调一致，实现园区生态环境的良性循环。生态恢复和重建不仅提高绿化面积，改善自然环境，速生杨还将作为林纸一体化产业链条的源头，成为矿区循环经济的新的增长点。

问题： 1. 矿区发展循环经济有何益处？

2. 矿区应在哪些方面发展循环经济？

（三）循环经济的原则

循环经济是一种生态经济，要求运用生态学规律指导人类社会的经济活动。循环经济有别于传统经济，改变了传统由资源到产品再到废品的单向经济模式，呈现出从资源到产品到再生资源的经济增长方式。

1. 以资源循环利用为客观基础的原则　循环经济归根结底是为了实现资源的循环利用。循环经济产业链的形成也正是建立在资源循环利用的基础之上。如何以科学、有效的方式实现资源的循环利用成为循环经济系统形成的根本。资源循环利用即是循环经济系统存在的基础，也是循环经济发展的内在动力。

2. 以法人与政府机构为主要行为主体的原则　循环经济系统的行为主体是指直接参与组织或从事生产要素加工、处理的企业、组织或机构。企业是生产要素加工、处理的主要行为主体，是循环经济的主体，大多数微观循环经济活动都是由企业或公司承担完成的。政府机构在区域经济合作中主要起到方向指导、宏观调控等作用。在市场经济条件下，循环经济系统的主体主要是企业和政府机构，在市场机制引导下企业和政府机构进行经济合作活动。

3. 以资源、环境、生态与经济和谐发展为发展方向的原则　资源循环利用是循环经济存在的基础，资源、环境、生态与经济的和谐发展则是循环经济为之努力的目标。循环经济发展的目的，就是为了寻求资源可持续利用、环境保护、生态恢复与经济发展的平衡点。人类经济的增长既不能建立在对资源的肆意浪费、环境破坏基础上，也不能为了资源、环境、生态的保护不发展经济，如何在它们之间寻求平衡点是循环经济实现的发展方向。

（四）发展循环经济的途径

1. 加大宣传发展循环经济　要在全社会树立循环经济观念，建立绿色生产、适度消费、环境友好和资源永续利用的公共道德准则。通过各种媒体和手段，大力开展循环经济宣传活动，积极倡导绿色消费和垃圾分类，使社会各阶层了解并认可循环经济，在生产中采用节能、降耗、低污染或清洁生产技术，在生活中优先采购和使用再生利用产品、环境标志产品和绿色产品，为这些产品培养稳定的市场。要像宣传知识经济那样，使循环经济的观念做到家喻户晓、人人皆知，为循环经济的发展创造一个良好的社会氛围。

要充分认识到，一方面资源和环境对经济增长具有重要的支撑作用，没有必要的资源和环境保障，经济就难以持续快速增长；另一方面，资源和环境对经济增长又有重要的约束作用，资源和环境的承载能力反过来也会制约经济增长的速度、结构和方式。加快经济增长方式转变，切实推进循环经济发展。

2. 不断调整和优化经济结构　加快调整产业结构、产品结构和能源消费结构是发展循环经济的重要途径。要按照走新型工业化道路的要求，振兴装备制造业，加快高技术产业化，积极推进信息化，采用高新技术和先进适用技术改造传统产业和传统工艺，淘汰落后设备、工艺和技术。要加强宏观调控和政策引导，遏制部分地区和行业盲目投资、低水平重复建设，特别是严格限制高耗能、高耗水、高污染和浪费资源的产业，以及开发区的盲目发展；限制和淘汰能耗高、物耗高、污染重的落后工艺、技术和设备。根据资源条件和区域特点，用循环经济理念指导区域发展、产业转型和老工业基地改造，促进区域产业布局合理调整。

支持企业不断改进管理方式，推进技术进步，提高资源利用率，减少污染物排放。建议实行企业主要负责人发展循环经济责任制，明确企业应承担的责任和要求。继续贯彻执行《中华人民共和国环境影响评价法》，把好建设项目环保审批关，从源头上严格控制浪费资源和能源的新上工业项目。

3. 建立和完善循环经济政策和体制　要通过深化改革，形成有利于促进循环经济发展的体制条件和政策环境。综合运用财税、投资、信贷、价格等政策手段，调节和影响市场主体的行为，建立自觉节约资源和保护环境的机制。首先，结合投资体制改革，调整和落实投资政策，加大对循环经济发展的资金支持。其次，进一步深化价格改革，研究并落实促进循环经济发展的价格和收费政策。再次，完善财税政策，加大对循环经济发展的支持力度。最后，继续深化企业改革，建立有利于促进循环经济发展的企业组织结构。采取切实有效措施，鼓励企业根据社会化分工和产品生产的内在联系，研究制定有利于建立符合循环经济要求的生态工业网络的经济政策提高资源利用效率，减少废弃物排放，延长产品使用周期，促进企业间共享资源和互换副产品，为推进循环经济发展奠定良好的微观基础。

4. 为循环经济发展提供有力的理论指导和技术支撑　循环经济的减量化、再利用和资源化，每一个原则的贯彻都离不开先进的处理和转化技术，也离不开这些先进的载体——设施、设备的开发和更新，可见，科学技术是建立循环经济的决定性因素。以下相关科技理论和项目成为研究人员加快研究、政府加大投入的重要方向：节约能耗和物耗，污染轻或无污染工艺，包括清洁生产工艺；提高材料使用寿命，研发新材料以替代有毒材料和污染材料；开发资源再生技术，提高资源使用效率；开发各类预测模型，以确定经济效益与循环率、资源再生费用以及产品价格等因素之间的关联度，研究新的成本-效益分析方法；研究不同产业和不同企业间生态链的合理性及稳定性。

5. 加强循环经济法制建设，完善执行机制　循环经济是政府针对资源和环境发挥职能干预或管制经济活动的结果。从根源上来看，都是人们在意识到生态和环境严重恶化会对人类造成严重后果深刻反思后的觉醒，是积极的、有组织有规划的对生产和消费行为进行限制和约束的活动。因此，制度创新和政策法律体系的支持推动是循环-低碳经济协调发展的重要驱动因素。要实现两者的协调发展，政府的主导作用十分关键。政府必须正确发挥自己的职能，围绕可持续发展要求，构建一套科学的法律制度诱导、保障循环低碳市场需求、市场机制的产生、发展和壮大。

对于《中华人民共和国清洁生产促进法》，必须认真贯彻执行并进行完善，要求做到监督密切、执行有力、奖惩分明，企业和个人要积极配合，抓住机遇，发展自己。此外，还应该借鉴国内外先进经验，加快循环经济相关法律法规体系的完善。通过法律法规以确定循环经济在社会发展中的地位，明确政府、企业、公众在发展循环经济中的权利和义务。

6. 加强国际合作，追踪先进理论和科技　加强与国际组织和外国政府、金融、科研机构等在循环经济领域的交流与合作，大力发展环境贸易，追踪并学习其先进理论和科技，借鉴发达国家发展循环经济的成功经验，引进国外先进技术、设备和资金，并向其展示我们的成果，以期反馈，彼此联合起来，为人类和世界经济的可持续发展而努力。我们要全面推进清洁生产，大力发展循环经济，逐步使我国产品符合资源、环保等方面的国际标准。

第4节　清洁生产及其意义

案例 7-4

浙江某印染有限公司是一家中外合资企业，是华东地区规模和装备水平一流的印染高新科技工业基地。这家公司被科技部认定为国家级重点高新技术企业，被中国印染行业协会评为“十佳企业”、中国印染行业竞争力十强企业、浙江省“重合同、守信用”AAA 级企业。公司连续 5 年年纳税额超千万元，受到浙江省国家税务局的表彰。公司重视环保工作，持续推进清洁化生产，摸索出了一条具有特色的节能减排路子，在节能节水和改善环境系统工程方面取得了显著成效。公司是 2015 年省清洁生产试点企业，已通过 ISO 9001 质量管理体系认证、ISO 14001 环境管理体系认证和 OHSAS 18001 职业健康安全管理体系认证。公司生产的真丝、混纺、棉印染纺织品获中国环境标志产品认证。公司还被省经贸委和省环保局评为浙江省绿色企业、清洁生产示范企业，并被国家工信部评为国家清洁生产示范企业。

问题： 1. 这家公司为何能被评为国家清洁生产示范企业?

2. 清洁生产对企业发展有何作用?

清洁生产是循环经济的一部分，是循环经济的重要内容。循环经济是基于可持续发展理念的指导下，依据清洁生产的形式，对于资源及其废弃物加以综合应用的生产活动过程。清洁生产和循环经济的共同目标都是实现可持续发展，都是在可持续发展的理念下，实现环境效益和经济效益的双赢。循环经济主要强调资源能源的循环利用率，强调废物的最小量化。清洁生产可以解决循环经济发展过程中出现的一些技术问题，为循环经济提供技术基础。清洁生产是循环经济的微观基础，循环经济是清洁生产的最终发展目标。

清洁生产和循环经济都是在经济活动的源头减少能源的使用，降低对环境造成的危害，且在产品生产、消费、回收等诸多环节尽可能减少污染物的排放，将过去纯粹依靠污染的末端治理转向污染的全过程控制，不但使污染物的数量大幅下降，还能够使环境的自净能力得到有效的恢复，使生态体系实现平衡，治理污染的费用亦大幅下降，将长时间环境与经济增长之间的矛盾加以妥善处理，实现经济增长、社会发展与环境保护的共赢。

一、清洁生产的含义

目前国际上对清洁生产并未形成统一的定义，国内有“绿色工艺”“生态工艺”“环境工艺”“过程与环境一体化工艺”“再循环工艺”“源削减”“污染削减”“再循环”等称谓。这些不同的提法或术语实际上描述了清洁生产概念的不同方面。

清洁生产在产品生产过程或在预期消费中，不仅对于自然资源加以合理应用，尽可能减少对于人类以及生态的危害，并将人类的需求加以有效满足，让社会经济效益实现最大化的一种

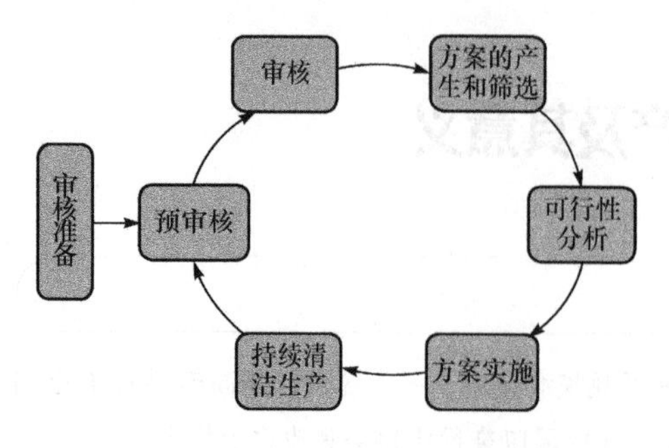

图 7-4 清洁生产审核各阶段关系图

模式。《中华人民共和国清洁生产促进法》对“清洁生产”的含义进行了界定：清洁生产，是指不断采取改进设计、使用清洁的能源和原料、采用先进的工艺技术与设备、改善管理、综合利用等措施，从源头削减污染，提高资源利用效率，减少或者避免生产、服务和产品使用过程中污染物的产生和排放，以减轻或者消除对人体健康和环境的危害(图 7-4)。

二、清洁生产的基本内容

清洁生产的含义包括以下几方面内容：

第一，清洁生产是一种对工业生产过程以及产品施行综合预防的环境战略，包含常规能源的清洁利用、可再生能源的利用、新能源的开发和各种节能技术等。

第二，清洁生产要求在原料的选择上，要尽量使用无害原料，开发利用可再生能源。

第三，清洁的生产过程。包括尽可能减少或是避免使用对环境造成一定危害的原料，生产出没有危害的中间产品，少废、无废的工艺以及高效的设备，简单便捷的操作和控制，健全的管理，要提高资源和能源的利用率，选择高效清洁的生产设备，避免或减少污染物或废物的产生。

第四，清洁的产品。包括对于原料、能源的节约，尽可能减少对于昂贵以及稀缺原料的使用，将二次资源作为原料，产品在应用过程中以及应用之后不会对人体以及生态体系造成危害，容易进行回收、复用和再生，易处置、降解等。生产的产品不对人体健康和环境产生威胁，并且便于回收和再利用。

第五，与末端处理相比，清洁生产更加注重于经济效益和环境效益的统一，以及全球环境保护的彻底性。

三、清洁生产的过程

清洁生产的定义包含了两个清洁过程控制：生产全过程和产品周期全过程。对生产过程而言，清洁生产包括节约原材料和能源，淘汰有毒有害的原材料，并在全部排放物和废物离开生产过程以前，尽最大可能减少它们的排放量和毒性；对产品而言，清洁生产旨在减少产品整个生命周期过程中从原料的提取到产品的最终处置对人类和环境的影响。

清洁生产思考方法与以前的不同之处在于：过去考虑对环境的影响时，把注意力集中在污染物产生之后如何处理，以减小对环境的危害，而清洁生产则是要求把污染物消除在它产生之前(图 7-5)。

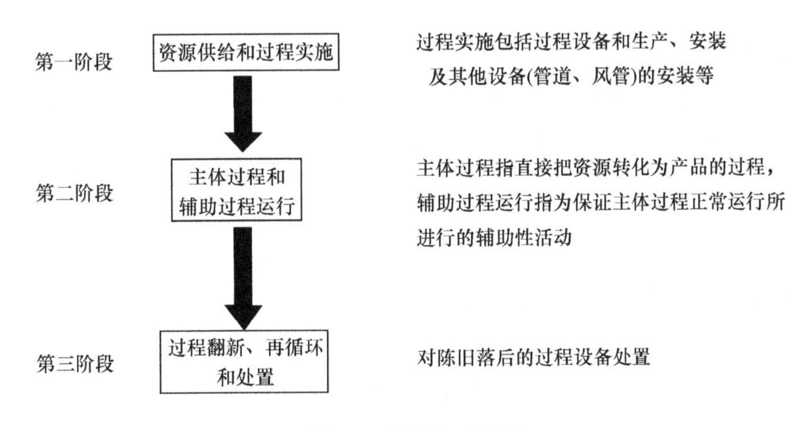

图 7-5 清洁生产过程

四、清洁生产的特征

清洁生产是环境保护和传统发展模式的根本性变革。有利于提高对污染的预防，有利于减少资源的浪费，提高资源的利用率。清洁生产体现了环境保护的预防性、经济与环境效益的双赢性、发展的可持续性以及实施的综合性。

(一)环境保护的预防性

相对于末端处理，清洁生产最大的特点在于它的预防性。末端处理是一种传统的环境保护方式，与整个生产过程脱节，先污染后治理。而清洁生产是一种污染预防的环境保护方式，在工业生产中，要求通过源头削减，改变产品和工艺，提高资源和能源的可利用率，从而最大限度地减少有毒有害物质的产生，实现废物的最小量化。从产品的设计和原料的选择，到设备、工艺技术、管理，以及防止和减少污染废物的产生，整个生产过程都体现了清洁生产的预防性，这也是清洁生产的实质所在。

(二)经济与环境效益的双赢性

传统的末端处理重在“治”，忽略了“防”，并且治理难度大，成本高，效率低。由于污染治理的高难度性和不彻底性，会给环境造成不利的影响。清洁生产追求的是一种经济效益和环境效益的双赢性，实行的是全过程控制，从产品的设计到产品的无害性和服务的清洁性。其一，清洁生产从源头上削减污染，生产过程中避免有毒有害物质产生，强调污染的预防性和环境保护的彻底性，环境效益远远大于传统的末端处理。其二，贯穿于整个生产过程，清洁生产要求选择高效无害的原料，减少资源和能源的消耗，提高资源能源的利用率，降低了生产成本。其三，工业生产的末端，清洁生产要求消除污染废物的产生，要求产品无毒无害，不对环境和人体健康产生威胁，并且生产和使用后易于分解、回收和再利用，降低了废物处理的成本。

(三)发展的可持续性

传统的末端处理体现的是一种大量消耗资源和能源、以牺牲环境发展经济的粗放型生产模式，不利于发展的可持续性。可持续发展要求资源和能源的利用同时满足于当代人和后代人的需要，即对资源和能源的合理可循环利用。而清洁生产要求在生产过程中要对资源和能源进行循环利用，并对产生的废物和产品进行回收再利用。清洁生产是实现可持续发展的最佳生产模式，是实现节能减排的最佳途径。清洁生产体现了可持续发展的内在要求，这是清洁生产的关键所在。

（四）实施的综合性

清洁生产是一项综合性技术，是一种综合性预防的环境战略。清洁生产的确认和规范需要法律法规和政策的多样性来调控，包括引导、促进和强制等手段。政府引导企业进行清洁生产的方向，通过经济激励等手段促进企业清洁生产并进行相关信息披露，适当地运用强制手段对企业某种清洁生产行为进行必要的强制，并对违背清洁生产的行为进行限制。另外，实施清洁生产还需要综合的战略技术措施，包括科技的综合性、管理的综合性以及资源的综合利用。这种调控手段和技术的多样性，决定了清洁生产的综合性，这是清洁生产的价值所在。

五、实行清洁生产的意义

近年来，国内外许多防治污染的经验证明，清洁生产是一种最佳的防治污染的生产模式。它是以集约型、环保型为主要特征的生产模式，是可持续发展的必然选择，是发展循环经济的前提，是建设资源节约型社会和环境友好型社会的重要力量，是突破贸易绿色壁垒的保障。

（一）实行清洁生产是可持续发展的必然选择

清洁生产是可持续发展所要求的工业技术条件，是中国实现可持续发展的必然选择。实现资源的综合利用和减少污染物、废物的排放是可持续发展对于资源和环境的两大要求。而这两个要求也是清洁生产所要实现的两大目标。粗放型的经济生产模式不仅造成了资源和能源的浪费，也给环境带来了污染和破坏，不利于人类的生存和发展，违背了可持续发展理念。而末端处理不完全将会给环境造成不利的影响，只有推行清洁生产，才能实现资源的可持续利用，预防工业污染物和废物的产生，减轻末端处理的负担。大力推行清洁生产，进一步加强节能减排工作，是实现可持续发展的必由之路。

（二）实行清洁生产是发展循环经济的前提

循环经济要求在工业生产中，减少原料的消耗，对资源和能源进行再利用和再循环。而清洁生产的实现途径包括源削减和再循环，要求减少资源和能源的浪费，节能减排，实现资源和能源的循环利用。两者是面和点、宏观与微观的关系。产品的生态设计是实现循环经济的前提，在实际生产过程中，清洁生产为发展循环经济提供了技术基础和前提。清洁生产的最终目的是实现循环经济，循环经济的基础是推行清洁生产。清洁生产与循环经济在可持续发展理念下，其实施途径和最终目的是相辅相成的。

（三）实行清洁生产是建设资源节约型社会和环境友好型社会的重要力量

采取预防为主的环境战略，节能减排，发展集约型经济，实现环境效益和经济效益的统一，是建设资源节约型社会和环境友好型社会的具体体现。传统的末端处理是建立在以浪费大量资源和能源来发展经济的粗放型生产模式基础上的，侧重点是“治”，要求先污染后治理，这与生产过程脱节，降低了资源的利用率，造成了许多难以解决的环境问题。末端处理成本高、难度大，无法实现经济和环境的最大化利益。而清洁生产的侧重点是“防”，它贯穿于整个的工业生产过程，实施全过程控制，提高了资源的利用率，减少了污染排放，改变了传统的生产模式，实现了经济效益和环境效益的统一，为建设资源节约型社会和环境友好型社会发挥了强有力的作用。

（四）实行清洁生产是突破贸易绿色壁垒的保障

当今世界越来越多的国家意识到环境保护已成为经济发展不可缺少的一部分，伴随这种保护环境的新浪潮，一种新的非关税壁垒出现了，即绿色壁垒。它是一些发达国家制定的以保护环境为目的的一些法律法规、标准以及措施等，是一种商品准入限制。在绿色壁垒的限制下，企业只有大力推行清洁生产，在生产过程中尽量减少有毒有害物质的产生，保障产品的清洁和安全，才能够改善我国与他国的双边或多边贸易关系，减少绿色壁垒对我国对外贸易的冲击，在国际贸易中取得竞争优势。推行清洁生产，是通过贸易绿色壁垒的有力保障。因此，大力推行清洁生产，对于环境保护和经济发展具有重大的意义。

（五）开展清洁生产是提高企业市场竞争力的最佳途径

实现经济、社会和环境效益的统一，提高企业的市场竞争力，是企业的根本要求和最终归宿。开展清洁生产的本质在于实行污染预防和全过程控制，它将给企业带来不可估量的经济、社会和环境效益。经验证明：实施清洁生产，能将污染物消除在生产过程之中；可以降低污染治理设施的建设和运行费用，并可有效解决污染转移问题；可以节约资源，减少污染，降低成本，提高企业综合竞争能力：可以挽救一些因污染严重而濒临倒闭的企业，缓解就业压力和社会矛盾。

第5节　实现清洁生产的主要途径

我国是一个人均资源占有量低于世界平均水平的国家，这一国情不允许我们再沿袭过去那种资源粗放型的经营模式，必须通过清洁生产走资源集约化道路，通过资源的合理有效利用，增加经济效益，减少污染物的产生和排放（图7-6）。这一过程需要政府、企业和服务机构共同努力，各司其职，利用各种手段，克服种种障碍，才能将我国的清洁生产工作推向一个更高的台阶。

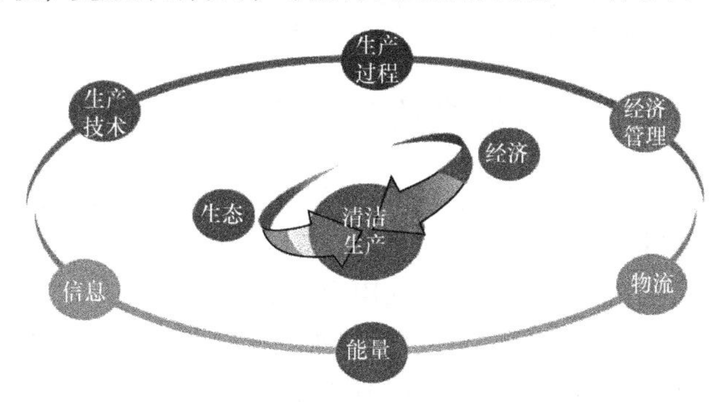

图7-6　清洁生产途径示意图

一、逐步完善相应的政策激励机制和法律法规

推进清洁生产的发展，必须要有良好政策激励和严格的法律规范。我国在现阶段，应结合本国实际和国外成功的经验和做法，建立具有法律效力的鼓励措施和约束机制。根据进一步推进清洁生产的需要，加快修改完善《中华人民共和国清洁生产促进法》和相关法律法规，及时清理与清洁生产相悖的部门规章或规范性文件，加快解决已有立法不连续、不统一的问题。加快制定清洁生产的地方性法规、规章和政策，积极落实国家对企业实施清洁生产的鼓励政策，对不实施清洁生产的企业予以经济上的严厉处罚。确保国家有关支持清洁生产发展的相关政策落到实处；加快配套政策法规文件的研究制定和出台工作，为清洁生产工作的持续进行提供制度保障。

各级政府部门和企业领导需在思想观念上有一个根本的转变，明确认识到推行清洁生产不仅是为了应对严峻的环境挑战，也是新的发展机遇。加快构建强制性清洁生产审核国家三级体系，进一步推进强制性清洁生产审核工作：国家层面上，生态环境部清洁生产中心配合生态环境部对各省、自治区、直辖市清洁生产审核评估工作进行技术指导和监督，建立全国重点企业清洁生产信息库；各省（自治区、直辖市）设清洁生产审核评估机构，承担辖区重点企业清洁生产审核评估工作，负责对辖区内的清洁生产审核质量把关；清洁生产审核咨询机构受企业委托，负责为企业的清洁生产审核提供技术咨询服务。

二、大力拓展清洁生产行业领域

图 7-7　无害化农业清洁生产

一方面，进一步完善工业领域清洁生产标准和审核指南的制定工作，推动清洁生产从化工、冶金等高污染高排放领域向工业全领域拓展。另一方面，随着农业、服务业的发展和社会对食品安全的广泛关注，特别是北京、上海等一线城市，第三产业已经成为经济发展主导力量的实际，更应切实加快建立第一、第三产业清洁生产标准和技术支撑体系，大力推进第一产业、第三产业加快实施清洁生产（图 7-7），推动清洁生产向更广范围、更深程度和更宽领域加快拓展。

三、进一步加大清洁生产审核执行力度

完善清洁生产审核方法体系，以提高资源、能源利用效率和污染控制效果为出发点，充分反映资源、能源和污染减排的实际绩效，对领域、区域、企业的清洁生产技术项目和清洁生产产品的评价体现全面性、平衡性、专业性、通用性。依法履行对清洁生产审核工作的管理和监督职能，扎实推进重点企业清洁生产审核及评估验收工作。通过清洁生产审核和执行，切实推动对落后工艺技术、生产线，甚至是企业的改造和关停，着力提升污染治理水平，确保污染减排目标的顺利实现。

四、加强清洁生产评价标准体系的建设力度

针对清洁生产快速发展的需要，尽快建立统一完善的覆盖工业、农业、服务业等行业的清洁生产评价指标体系，继续发布清洁生产技术导向目录。加快重点行业清洁生产技术推行方案，尽快建立统一完善的覆盖工业、农业、服务业等行业的清洁生产评价指标体系，把达到国内清洁生产基本水平作为产业政策和行业准入条件，强化标准在清洁生产中的作用。进一步统一绩效评估和验收管理办法，量化企业清洁生产水平，规范衡量清洁生产审核水平的技术导则和指导性标准，推动建立适用不同行业与企业需求，科学化、经济化、系统化清洁生产技术导向目录，加快完善有关清洁生产标准和审核指南等技术支撑体系。

五、深入开展重点企业清洁生产审核

进一步完善重点企业清洁生产审核的相关政策法规，从制度上确保清洁生产审核、评估验收和清洁生产方案的实施效果。继续深化工业领域涉及铅、锌、铜、镉、汞等重金属以及类金属砷的行业和危险化学品等高污染、高排放重点企业的清洁生产审核，推动企业将清洁生产落实到生产、经营、管理等各个环节。大力推进对农业、服务业和双超双有重点企业的强制性清洁生产审核，推动清洁生产向更广的领域拓展。

六、加强清洁生产技术服务机构管理和人才队伍建设

实施清洁生产技术服务机构准入机制，从业资质认证制度和年度考核制度，着力提升技术服务机构业务水平。制定清洁生产服务收费指导标准，规范咨询机构市场行为，建立竞争有序、规范高效的技术服务市场，进一步增强技术服务机构工作积极性和自身发展能力。建立清洁生产技术人员从业资格制度和定期考核培训制度，加强对清洁生产审核从业人员的培训和考核，积极壮大人才队伍，提高人员素质。进一步建立和完善清洁生产专家库，积极为加强清洁生产审核、推广先进工艺提供智力支持。

七、建立清洁生产专项经费的财政渠道

建立明确的清洁生产专项资金，专项资金的用途包括三方面内容：一是鼓励企业开展清洁生产审核的资金；二是用于对企业通过清洁生产审核评估的清洁生产中高费方案实施的资金；三是解决各级政府部门开展清洁生产审核评估、验收以及建立清洁生产管理制度全面深入推进清洁生产等的工作经费。这样才能在清洁生产管理体系的建立和清洁生产审核的实效上有更大的突破，在环境保护和经济协调发展上做出更大的贡献。

八、加强清洁生产舆论宣传

通过加强宣传、教育与培训，增强政府、企业的清洁生产意识，开展形式多样的宣传教育活动，进一步增强政府部门、企业和社会公众对清洁生产促进产业结构调整和发展方式转变的重大作用的认识。积极宣传企业实施清洁生产的先进理念，持续开展清洁生产取得的显著成效，加快推动企业清洁生产由“被动”审核向主动“审核”转变，积极营造推动清洁生产的良好氛围。

小　结

通过本章学习，重点掌握可持续发展的定义、内容，中国走可持续发展道路的必然性、发展循环经济的途径和清洁生产的意义。

自测题

1. 简述可持续发展的定义及内容。
2. 简述我国可持续发展现状。
3. 简述中国走可持续发展道路的必然性。
4. 简述中国走可持续发展道路的措施。
5. 简述循环经济的定义。
6. 简述循环经济的基本特征。
7. 简述循环经济的原则。
8. 简述发展循环经济的途径。
9. 简述清洁生产的定义。
10. 简述清洁生产的基本内容。
11. 简述清洁生产的过程。
12. 简述清洁生产的特征。
13. 简述实行清洁生产的意义。
14. 简述实现清洁生产的主要途径。

参 考 文 献

北京市劳动保护科学研究所. 2016. 噪声污染防护手册. 北京: 中国劳动社会保障出版社.
陈声明, 吴甘霖. 2015. 微生物生态学导论. 北京: 高等教育出版社.
成岳. 2012. 环境科学概论. 上海: 华东理工大学出版社.
杜祥琬. 2010. 对中国绿色低碳能源战略的探讨. 太原理工大学学报, (5).
高廷耀, 顾国维, 周琪. 2015. 水污染控制工程: 上册. 第 4 版. 北京: 高等教育出版社.
贺启环. 2011. 环境噪声控制工程. 北京: 清华大学出版社.
环境保护部科技标准司, 中国环境科学学会. 2017. 危险废物污染防治知识问答. 北京: 中国环境科学出版社.
黄启飞. 2012. 危险废物豁免管理技术. 北京: 中国环境科学出版社.
孔昌俊, 杨凤林. 2004. 环境科学与工程概论. 北京: 科学出版社.
李凤君. 2011. 浅析循环经济的原则和特征. 知识经济, (4).
李金惠. 2018. 危险废物污染防治理论与技术. 北京: 科学出版社.
罗岩, 杜丽英. 2009. 环境工程概论. 北京: 高等教育出版社.
史小妹, 赵景联. 2016. 环境科学导论. 第 2 版. 北京: 机械工业出版社.
孙佑海, 赵家荣. 2008. 中华人民共和国循环经济促进法解读. 北京: 中国法制出版社.
孙志高, 牟晓杰, 陈小兵, 等. 2011. 黄河三角洲湿地保护与恢复的现状、问题与建议. 湿地科学, 9(2).
魏振枢, 杨永杰. 2015. 环境保护概论. 第 3 版. 北京: 化学工业出版社.
吴菊珍. 2013. 环境保护概论. 北京: 科学出版社.
徐水太, 梁旗. 2008. 循环经济评价指标体系研究. 矿业工程, (5).
徐炎华. 2009. 环境保护概论. 第 2 版. 北京: 中国水利水电出版社.
杨浩, 朱冬元. 2008. 我国循环经济综合指标体系研究. 生态经济, (6).
尤明青. 2015.危险废物法律问题研究. 北京: 北京大学出版社.
战友. 2010. 环境保护概论 北京: 化学工业出版社.
张国泰. 1999. 环境保护概论 北京: 中国轻工业出版社.
张国泰. 2005. 环境保护概论. 第 2 版. 北京: 中国轻工业出版社.
张建君. 2011. 环境、生活、职业. 北京: 高等教育出版社.
朱蓓丽，程秀莲，黄修长. 2016. 环境工程概论. 第 4 版. 北京: 科学出版社.
庄伟强, 刘爱军. 2014. 固体废物处理与处置. 第 3 版. 北京: 化学工业出版社.

教学基本要求

一、课程性质和课程任务

环境教育是素质教育的重要组成部分，是职业教育非环境类专业的公共基础课程。

环境是人类赖以生存和发展的自然基础，人类的生产与生活都对环境有着巨大的影响，公民具备必要的环境保护意识与能力是人类可持续发展的必然要求。本课程的宗旨是培养学生的环境保护意识和环境责任感，帮助学生树立生态文明理念。本课程的基本任务是通过学习环境基础知识，使学生了解当前人类所面临的重大资源和环境问题，理解常见环境问题的原因及防治措施；树立正确的环境道德观，主动遵守环境保护的相关法律法规；理解环境保护与可持续发展的相互关系，养成从事清洁生产的良好素质。

二、课程教学目标

本课程以增强职业教育学生环境保护意识和环境责任感、提升综合素质为主要目标，引导学生关注当前所面临的环境问题，正确认识个人、社会与自然之间相互依存的关系；帮助学生获取可持续发展、循环经济、清洁生产所需要的知识和技能，养成有益于保护环境的情感、态度和价值观；鼓励学生积极参与推动环境与社会可持续发展的宣传与实践，使其成为具有高度责任感和良好环境素养的高素质技术技能人才。

(一)知识目标

1. 掌握环境及环境问题的概念，了解当前所面临的主要环境问题，掌握环境保护的基本内容。

2. 了解生态系统的构成，理解生态平衡的重大意义，掌握生态保护的基本措施。

3. 掌握资源与能源的概念与分类，认识中国，特别是山东省的资源与能源的现状及特点。

4. 了解环境污染的类型和成因，认识环境污染的危害，掌握相关防治知识。

5. 了解环境监测与评价的程序与方法。

6. 了解环境保护的相关法规和标准，了解公民在环境保护方面应有的权利和应尽的义务。

7. 理解可持续发展、循环经济、清洁生产等基本理论，掌握清洁生产的基本要求。

(二)能力目标

1. 能自觉观察和分析周围环境的状况及其变化，学会判断常见的环境问题。

2. 能针对具体的环境问题，利用多种方式和途径，主动搜集、整理相关信息，并运用所学知识进行归纳、分析，得出环境状况的初步结论。

3. 能根据环境保护的基本要求，自觉培养与自然、社会和谐相处的生活方式和生产习惯。

4. 能围绕环境问题表达自己的观点，主动宣传环境保护的相关知识与法规。

5. 能结合专业特点，开展与专业相关的清洁生产活动。

（三）情感目标

1. 养成关爱自然，尊重生命的意识，树立正确的环境道德观。

2. 尊重文化多样性，能平等、友善地与他人合作，树立人与自然和谐发展理念。

3. 养成认真负责、实事求是的工作态度和耐心细致的工作作风。

4. 培养学生热爱科学、遵循规律、务实创新的精神。

5. 培养学生养成良好的环境保护习惯，主动参与环境问题的防治，自觉践行可持续发展理念。

三、教学内容和要求

教学内容		教学要求			教学活动参考
		了解	熟悉	掌握	
环境基础知识	环境的概念			√	理论讲授 多媒体演示
	环境问题的由来与发展	√			
	当前中国，特别是山东省面临的环境问题	√		√	
	环境污染对人体健康的危害	√			
	环境保护的概念	√			
	环境保护任务、目的和内容		√		
	环境伦理的概念及内容			√	
生态平衡与保护	生态系统概念、组成及功能			√	理论讲授 多媒体演示
	生态平衡的概念、生态平衡破坏现象及生态失衡的危害	√			
	生物多样性概念	√			
	保护生物多样性的意义			√	
	湿地保护的概念，山东省湿地保护的现状、趋势	√			
	湿地保护的重要意义	√			
	湿地保护的基本方法			√	
自然资源现状、利用与保护	自然资源的概念、属性及分类			√	理论讲授 多媒体演示
	中国自然资源的现状及特点	√			
	山东省自然资源的现状及特点			√	
	合理利用与保护自然资源的相关知识	√			
环境污染及防治	大气的结构和组成、大气主要污染物、大气污染物的扩散及危害	√			理论讲授 多媒体演示

续表

教学内容		教学要求			教学活动参考
		了解	熟悉	掌握	
环境污染及防治	大气污染的概念、大气污染源和分类			√	理论讲授 多媒体演示
	大气污染的防治措施		√		
	雾霾的形成原因与防治措施	√			
	水污染的概念、水体自净概念	√			
	水体中主要污染物来源及水质检测指标	√			
	水体中主要污染物的成分及其危害			√	
	水污染的防治措施		√		
	南水北调工程(选学)	√			
	土壤污染基础知识、我国土壤污染的现状及特点	√			
	土壤污染物的种类和主要来源	√			
	土壤污染的防治措施		√		
	固体废物的概念、来源、分类和危害	√			
	固体废物资源化利用的途径			√	
	危险废物的概念、种类与来源	√			
	危险废物主要的处理处置办法	√			
	噪声污染的概念			√	
	噪声污染的来源、分类和危害	√			
	噪声污染的防治方法		√		
环境监测与评价	环境监测的概念、环境监测程序与方法	√			
	环境监测的内容与分类		√		
	环境质量评价的概念	√			
	中国环境质量评价的规定与要求		√		
环境保护法与环境标准	环境保护法的内容、目的、任务及作用	√			
	违反《中华人民共和国环境保护法》所承担的法律责任	√			
	环境标准的内容、作用及体系	√			
可持续发展与循环经济	可持续发展的定义、内容			√	
	中国走可持续发展道路的必然性			√	
	可持续发展的重要性	√			
	循环经济的定义、基本特征，循环经济的原则	√			
	发展循环经济的途径			√	
	清洁生产的定义、基本内容和过程	√			
	清洁生产的意义			√	
	实现清洁生产的主要途径	√			

四、学时分配建议(36 学时)

教学内容	学时数		
	理论	实践	小计
一、环境基础知识	4	0	4
二、生态平衡与保护	6	0	6
三、自然资源现状、利用与保护	3	0	3
四、环境污染及防治	12	0	12
五、环境监测与评价	3	0	3
六、环境保护法与环境标准	2	0	2
七、可持续发展与循环经济	6	0	6
合计	36	0	36

五、教学实施建议

(一)教学建议

教学要体现课程理念、落实课程目标，需要教师在教学设计时充分考虑中等职业学校学生的心理特点及发展规律，积极探索和运用自主学习、合作学习、探究学习等学习方式，引导学生积极主动地学习，掌握基本的环境教育知识和技能，形成积极的情感态度和正确的价值观，提高职业素养和人文素养，为终身发展奠定基础。

1. 合理选择教学策略和教学方法　环境教育课程共有 7 个教学模块，教师应注意领会每个模块在课程中的地位、作用，把握模块的内容要求，结合专业特点和具体教学条件，以培养环境保护意识和责任感为重点，采用信息化教学手段和案例教学、项目教学、实景教学等多种教学方法，优化教学策略，提高教学质量。

2. 重视培养创新精神和实践能力　在教学中培养学生的创新精神，为学生创造宽松的学习环境，爱护和培养学生的学习兴趣，增强教学开放性，为学生自主学习提供条件，鼓励学生对所学内容提出自己的观点。通过指导学生开展参观、调研、资料搜集整理等探究实践活动，增强环境保护的实践能力。

3. 充分运用信息技术和调查数据　环境教育课程是以大量环境教育信息为基础的课程，有条件的学校要积极利用网络中的环境教育信息资源和信息技术优化教学资源。在条件尚不具备的学校，要以教材中的环境教育图片为主，辅以广播、电视、报纸等媒体资源。大力开展访谈、调查等实践活动，指导学生多种途径获取需要的环境教育信息。

(二)评价建议

环境教育学习评价要注重学生的学习过程以及在实践活动中所表现出来的情感和态度变化。强化评价诊断和发展功能，弱化评价的甄别和选拔功能。

1. 在评价内容上不仅重视学生环境知识的掌握程度，更要重视学生环保意识与环保行为习惯的养成。在评价主体上，进行多元化设计，建立由学生、教师、家长及社会共同参与的评价机制。

2. 运用定量和定性相结合的评价方法，实行过程性评价与终结性评价相结合的方式，突出过程性评价。

3. 注重对学生解决问题能力的考核，对有创新精神的学生予以鼓励，全面综合评价学生能力。

4. 在具体操作中采用课堂评价、作业评价、纸笔测验评价、学习档案评价、活动表现评价等多元化评价方式。

(三)课程资源的开发与应用

充分开发、利用环境教育课程资源，对丰富课程内容和教学手段，增添环境教育教学活动，具有重要的意义。

1. 充分利用学校内部资源　充分利用学校现有资源，如学校植物园、图书馆、实验室、标本室、教学设备及其他活动场所，对学生进行环境教育。教师应鼓励和指导学生组织兴趣小组，开展野外观察、社会调查等活动；指导学生编辑环境教育刊物、墙报、板报，布置环境教育展板；引导学生利用学校广播站或有线电视网、校园网传播自编的环境教育节目。

2. 合理开发学校外部资源　立足区域内丰富多样校外资源，加强与社会各界的沟通与联系，加强校企合作，寻求多种支持，合理开发利用校外环境教育课程资源。通过参观、调查、考察、旅行等形式，组织学生走进大自然，参与社会实践；邀请有关人员研讨、座谈，拓展学生的学习视野，激发学生探究环境问题的兴趣。

3. 开发利用网络信息化资源　按照课程标准，结合教学内容，创设生动的教学情境；制作和收集与教学内容相配套的多媒体课件、挂图、幻灯片、视听光盘等；与企业和高校合作，采用先进的信息技术，开发制作微课、动画仿真、视频等数字化教学资源库，建设课程学习网站，为教师教学与学生学习提供较为全面的支持。激发学生学习本课程的兴趣，扩充学生知识面，丰富课堂教学形式，提高课程学习质量。